How-nual
図解入門
ビジネス

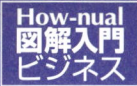

Shuwasystem Business Guide Book

工場・プラントのサイバー攻撃への対策と課題がよ〜くわかる本

制御システムセキュリティの基礎知識

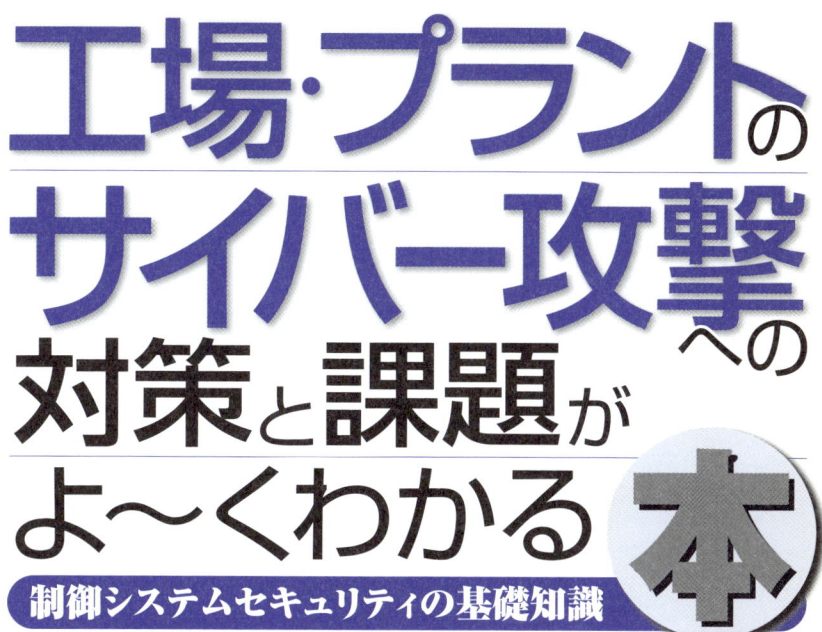

ジェイティ エンジニアリング株式会社
福田 敏博 著

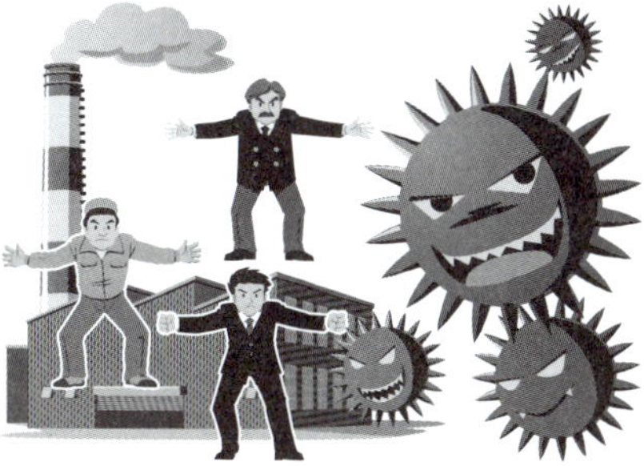

秀和システム

●注意
(1) 本書は著者が独自に調査した結果を出版したものです。
(2) 本書は内容について万全を期して作成いたしましたが、万一、ご不審な点や誤り、記載漏れなどお気付きの点がありましたら、出版元まで書面にてご連絡ください。
(3) 本書の内容に関して運用した結果の影響については、上記(2)項にかかわらず責任を負いかねます。あらかじめご了承ください。
(4) 本書の全部または一部について、出版元から文書による承諾を得ずに複製することは禁じられています。
(5) 本書に記載されているホームページのアドレスなどは、予告なく変更されることがあります。
(6) 商標
本書に記載されている会社名、商品名などは一般に各社の商標または登録商標です。

はじめに

　制御システムは、電力・ガス・石油等のエネルギー分野や、鉄鋼・化学等のプラント、鉄道・航空等の交通インフラ、電機・機械・食品等の生産ライン、商業施設・オフィスビルの設備管理などで幅広く用いられ、社会・産業基盤を支えています。工場で生産ラインの機械を自動で動かしたり、電気炉の温度を一定に保つために自動で調整したり、産業用オートメーションの自動化・効率化に欠かせないものです。

　古くは、制御対象となる機械設備等の導入に合わせて独自のシステムで構築されることが多く、セキュリティリスクは小さいと考えられていましたが、近年では、情報技術の進展に伴い、汎用パソコンやモバイル端末の活用、インターネットへの接続などオープン化が進んでいます。よって、身近なオフィスの情報システムと同じように、脆弱性を狙ったサイバー攻撃の脅威にさらされています。

　しかしながら、現場では制御システムへの安全神話が信じられているため、サイバーセキュリティの重要性に対する意識はいまだに低く、被害の発生が大規模かつ広範囲に拡大する危険をはらんでいます。

　本書『図解入門ビジネス 工場・プラントのサイバー攻撃への対応と課題がよ〜くわかる本』では、現場で制御システムを運用・保守する技術者の方々はもちろんのこと、企業のシステム基盤を管理する情報システム部門、経営リスクをマネジメントする経営企画部門、さらには経営者の方々にむけ、制御システムおよびサイバーセキュリティの基礎的な知識やポイントをわかりやすく解説しました。

　また、サイバーセキュリティポリシーの策定手順や国際規格のCSMS認証の取得手順についても解説しております。

　本書をご活用いただくことで、制御システムのセキュリティに対する取り組みが広く普及し、工場・プラントや社会インフラなどのサイバーリスク低減につながれば幸甚です。

2015年8月吉日

福田　敏博

図解入門ビジネス
工場・プラントのサイバー攻撃への対策と課題がよ〜くわかる本

CONTENTS

はじめに …………………………………………………………… 3

第1章 制御システムのセキュリティが危ない

- 1-1 制御システムセキュリティが求められる理由 ………… 8
- 1-2 社会インフラ、プラント、工場に与える影響 ………… 20
- コラム サイバーセキュリティの最新動向を知るには ……… 24

第2章 制御システムの基礎知識

- 2-1 企業活動を支える制御システム ……………………… 26
- コラム セキュリティ環境の変化 ………………………………… 39
- 2-2 制御システムの構成（ハードウェア）………………… 40
- 2-3 制御システムの構成（ソフトウェア）………………… 52
- 2-4 制御システムの構成（ネットワークレイヤー）……… 58
- 2-5 制御システムの特徴 …………………………………… 64
- コラム 制御盤とは ……………………………………………… 74

第3章 起こりうる脅威と被害

- 3-1 情報システムセキュリティと制御システムセキュリティ … 76
- 3-2 全社的なセキュリティ管理の必要性 ………………… 84
- 3-3 制御システムにおけるセキュリティ環境の変化 …… 88
- 3-4 インシデントの実例 …………………………………… 100

第4章 サイバーセキュリティポリシーの策定手順

- 4-1 セキュリティポリシーの重要性 ………………………… 108
- コラム 「抽象と具体」の関係 ……………………………… 117
- 4-2 サイバーセキュリティポリシーの策定手順 …………… 118
- 4-3 システム資産の洗い出し ……………………………… 124
- コラム スキル向上のための資格取得 ……………………… 130
- 4-4 セキュリティにおける課題とリスク分析 ……………… 132
- 4-5 セキュリティ管理策の実装 …………………………… 142
- 4-6 社員教育の実施計画 …………………………………… 152
- 4-7 インシデントへの対応 ………………………………… 168

第5章 CSMS認証の取得手順とメリット

- 5-1 CSMS認証の概要 ……………………………………… 176
- 5-2 認証取得のメリット …………………………………… 188
- 5-3 認証取得の手順とスケジュール ……………………… 198

第6章 関連規格と法規

- 6-1 IEC62443シリーズ ……………………………………… 210
- 6-2 EDSA認証 ……………………………………………… 212
- 6-3 ISMS ……………………………………………………… 214
- 6-4 サイバーセキュリティ基本法 ………………………… 216

- おわりに …………………………………………………… 218
- 索引 ………………………………………………………… 219

第1章
制御システムの
セキュリティが危ない

最初に制御システムのセキュリティに関する現状を把握するために、今なぜ制御システムのセキュリティが注目されているのか、その背景や理由を説明します。

1-1 制御システムセキュリティが求められる理由

制御システムは、IT技術の進展でオープン化が進み、セキュリティの脅威に晒されている状況にあります。しかし、制御システムのセキュリティに対する意識はいまだに低く、被害が大規模かつ広範囲に発生する危険性をはらんでいます。

▶▶ かつては単体で稼働していた制御システム

　制御システムは、電力・ガス・石油等のエネルギー分野や、鉄鋼・化学等のプラント、鉄道・航空等の交通インフラ、電機・機械・食品等の生産ライン、商業施設・オフィスビル等の設備管理などで幅広く用いられるシステムです。

　制御システムは、機械や設備などのコントロールを行うため、それらの対象物と一緒に導入され、一体となって構成されることがほとんどでした。よって、制御システムの使用年数もそれらの機械や設備の耐用年数に合わせて、長期化する傾向にあります。

　機械や設備の稼働率が製品の生産やサービスの提供に直接影響するため、制御システムには高い**信頼性**や**レスポンス性能**が求められます。例えば、光電センサの信号を数十ミリ秒のタイミングで収集し、機械や設備の運転・停止の指示を行うことなどです。

　また、制御システムは、過酷な温度・湿度、粉塵などに晒される現場に設置されることが多く、高い**耐環境性能**が求められます。オフィスのように空調が整っておらず、夏場は高温、冬場は低温に晒される環境においても、常に安定して稼働しなければなりません。

　このような背景から、通常のオフィスで用いられる汎用システムでは要件を満たすことが難しく、独自のハードウェアやソフトウェア、ネットワークで構成され、さらに利用形態や設置条件などによってカスタマイズされた固有のシステムが導入されてきました。そのため、システムの価格も非常に高額となり、ある意味、**ガラパゴス化**した環境にあったといえます。

1-1 制御システムセキュリティが求められる理由

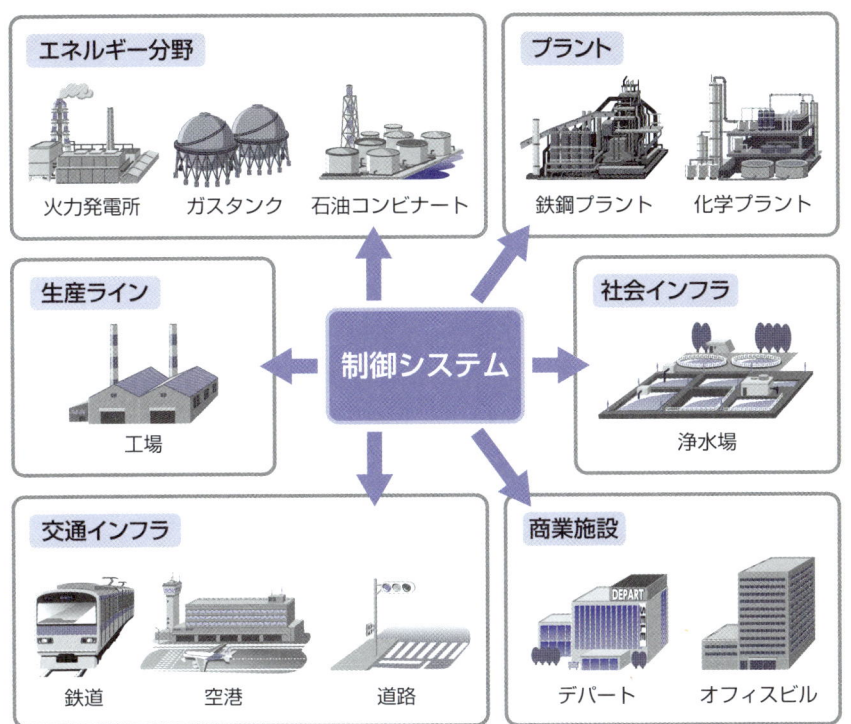

	日本	アメリカ	中国	ロシア
各国のシステムレベル	先進的	先進的	発展途上	発展途上
セキュリティ対策	対策は施されているが不十分	対策は施されているが不十分	ほとんど考慮されていない	あまり考慮されていない
外部との接続	多くがインターネットに接続されていない	インターネットに接続されたものが多い	インターネット接続されたものが多い	インターネット接続されたものが多い

└ 今までの制御システムは、クローズな環境で運用されていた

[出典] トレントマイクロ社

1-1 制御システムセキュリティが求められる理由

▶▶ 制御システムのオープン化によって懸念される問題

　ITの分野では、1990年代から**オープンアーキテクチャ***による**標準化***で、コンピュータの低価格化と普及が進みました。それまで各コンピュータメーカーが独自の仕様で製品化していたものから、PC/AT互換機と呼ばれる標準機が台頭し、台湾などのメーカーから低価格のパソコンが発売されるようになります。

　また、OSと呼ばれるパソコンの基本ソフトも米マイクロソフト社のWindowsの普及により、マルチウィンドウによるユーザーインターフェイスの向上や、パソコンのネットワーク接続が標準となりました。

　このようなIT化の進展で、企業では各個人がパソコンを利用して業務を行うようになり、一般家庭においても個人利用が大幅に増えました。

　そして、この時代の流れはパソコンだけでなく、汎用コンピュータやメインフレーム*を使った**基幹システム**にも及びました。それまでの専用の大型コンピュータから、小型で高性能なワークステーションやサーバーへの置き換えによるコストダウンが進み、**ダウンサイジング**と呼ばれます。

　ダウンサイジングは、それまで特定のハードウェアでしか動かない独自のOSから、複数のハードウェアで動作するWindowsやMac、LinuxといったOSの普及に拍車をかけました。これは利用できるハードウェアやソフトウェアの選択肢を広げるという意味で、**オープン化**と呼ばれました。

　現在では、このオープン化の流れは、企業や家庭のパソコンだけでなく、**工場やプラント、インフラなどの制御システム**にも及んでいます。そして、これまでスタンドアローン*だった制御システムはオープン化によって、パソコンと同様にシステム上の脆弱性をはらみ、**マルウェア***などの脅威に晒されるようになりました。

　しかしながら、制御システムは、今までの固有のシステムとしての**安全神話**が浸透しているため、リスクの認識が低く、セキュリティ対策が進んでいない状況にあります。

　実際に年々、制御システムに対する不正アクセスやマルウェア感染などの**サイバー攻撃**は増加しており、工場の生産ラインの停止や設備損傷、環境汚染等を引き起こし、企業に甚大な損失を与える可能性が高まっているのです。

***オープンアーキテクチャ**	主にコンピュータやソフトウェアの分野で、製品の仕様や設計、プログラムコードを公開することで、他社が互換性のある製品を生産できるようにすること。
***標準化**	製品の仕様や構造、形式を同じものに統一すること。
***メインフレーム**	処理性能と耐障害性に優れた大型コンピュータ。
***スタンドアローン**	外部のネットワークや機器と通信せず、外部と切り離された状態で使用すること。

1-1 制御システムセキュリティが求められる理由

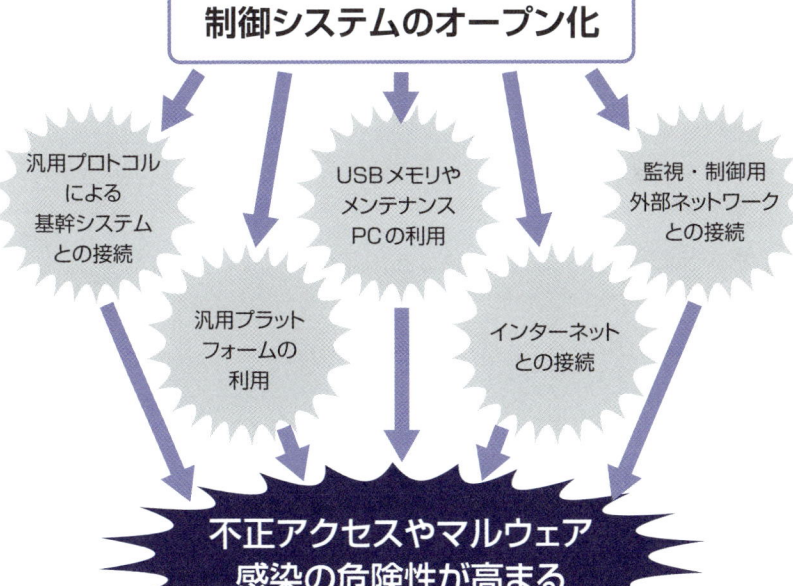

制御システムのオープン化によるリスク

これまで

外部ネットワークに接続しない
クローズドな環境で運用

↓

セキュリティ対策はあまり必要なかった

現在は

制御システムのオープン化

- 汎用プロトコルによる基幹システムとの接続
- 汎用プラットフォームの利用
- USBメモリやメンテナンスPCの利用
- インターネットとの接続
- 監視・制御用外部ネットワークとの接続

↓

不正アクセスやマルウェア感染の危険性が高まる

＊**マルウェア** コンピュータウイルスやスパイウェアなど、不正な動作を行う意図で作成された悪意のあるソフトウェアやプログラムのこと。

1-1　制御システムセキュリティが求められる理由

▶▶ システム連携で増大する脅威

　従来の制御システムでは、インターネットなどの外部ネットワークへの接続は遮断されていました。オープン化が進んだ現在においても、原則的にインターネットへの接続を禁止している企業が大半です。

　しかしながら、制御システムをインターネットに接続する機会が急速に増えているのが現状です。インターネットへの接続が求められる背景は、主に以下のとおりです。

---

①セキュリティパッチ＊の適用
②制御システム用ソフトウェアの最新バージョンの取得
③アラーム検出時に担当者へE-Mailを通知
④インターネット経由でのリモート接続（外部からの監視操作）
⑤インターネット接続が前提となる情報機器の登場

　現在では、工場のCIM＊（統合生産システム）による効率化や、複数の企業間でのSCM＊（サプライチェーンマネジメント）による全体最適化などが進み、それぞれの生産システムや物流システムはもちろん、以下の理由で企業内の基幹システムへの接続も欠かせなくなっています。

---

①上位の基幹システムから送られてくるレシピ（設定値）を下位の制御システムで受信
②下位の制御システムの生産実績を上位の基幹システムへ送信

　そして、このようなネットワーク接続が頻繁になるにつれ、万が一、下位に位置する現場の制御システムがマルウェアに感染した場合、上位の基幹システムにまでその被害が拡散することが懸念されています。

　今、製造業なども含めたビジネス全体が「モノ」から「コト」＊へと変化しています。従来の「モノ」のビジネスでは、「製品」そのものが強みの源泉でした。しかし、ビジネスがサービス化した「コト」になると、「全社的な総合力」が強みの源泉となります。もはや社内および社外のシステム連携なしでは、ビジネスが成り立たなくなっている中、セキュリティの重要性も増しているのです。

＊**セキュリティパッチ**　ソフトウェアの脆弱性が発見された際に、それらの問題を修正するために配布される修正プログラムのこと。

1-1 制御システムセキュリティが求められる理由

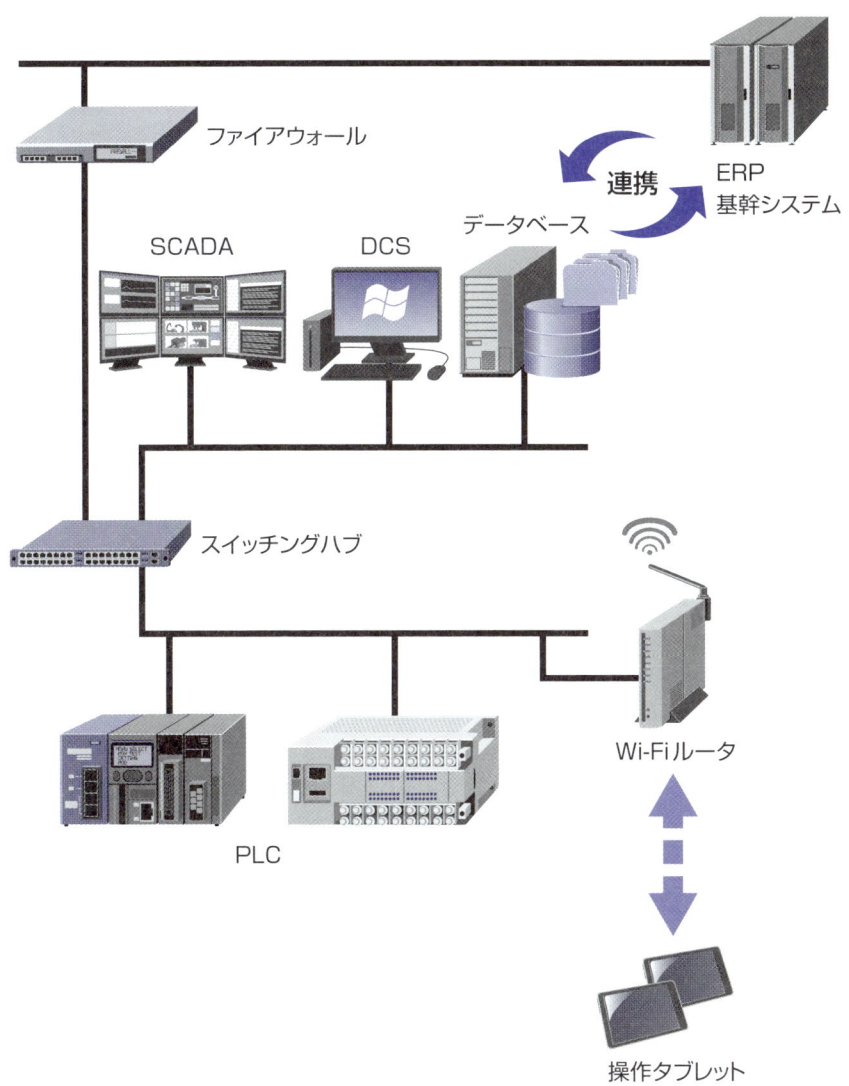

上位システムとの連携

＊**CIM**	Computer Integrated Manufacturingの略。製造業などにおいて、商品の開発、生産、販売・営業の各部門をネットワークで結び、一括管理するシステムのこと。
＊**SCM**	Supply Chain Managementの略。複数の企業間で統合的な生産システムや物流システムを構築し、経営効率を高めるマネジメント手法。
＊「モノ」から「コト」	消費者が、商品などの「物の価値(＝モノ)」から、心地よいサービスや体験などの「出来事の価値(＝コト)」を重視するようになったこと。

1-1 制御システムセキュリティが求められる理由

▶▶ リモート接続を使ったメンテナンスサービスの盲点

　機械や設備などを管理する制御システムは、データベースなどを用いた一般的な情報システムと比べて、ベンダー*の独自技術に依存した製品、サービス等を採用することが多く、運用・保守に関してもベンダーに大きく依存する傾向があります。例えば、トラブル発生時の影響を小さくするために、専用線やIP-VPN*を使ったリモート接続環境を準備し、ベンダーから緊急の保守対応を受けることも少なくありません。

　また、機械設備には組み込み用の小型コンピュータが内蔵され、これまでのハードウェアによる管理から**ソフトウェアによる管理**へと大きく機能が移っています。それに伴い、ソフトウェアの不具合による機械設備のトラブルが増加しており、機械設備メーカーのリモート監視や保守サービスを受けるために、外部ネットワークへ接続するケースが出始めています。

　このような場合、機械設備をメンテナンスする現場の判断で外部ネットワークに接続することも多く、それを情報システムの管理者がまったく知らないケースもあります。思わぬセキュリティの盲点にならないように注意が必要です。

▶▶ 汎用的な工業用無線LANの功罪

　工場の**産業用オートメーション**においては、古くからバーコードを活用したPOP*（生産時点情報管理）が普及していました。ハンディターミナル（操作端末）を使って、生産指示書などに印刷されたバーコードを読み取り、無線でデータを制御システムに転送することで、効率的な作業管理を行います。

　ハンディターミナルと制御システム間のデータのやり取りには、以前は専用の無線機器と、メーカー独自の通信プロトコル*を使っていましたが、現在は汎用的な工業用**無線LAN**の活用が増えています。

　またハンディターミナル自体も、これまでは独自仕様のハードウェアが中心でしたが、無線LANの発達で低価格のタブレット端末を活用するなど、オープン化が進んでいます。

　なお、お手軽な無線LANによってコストダウンを図れるメリットがある一方、セキュリティ設定が不十分な場合、**外部からの不正アクセス**や、**通信内容の盗聴**などの危険性があります。

---

*ベンダー　　　　　製品やサービスを利用者に供給・販売する事業者のこと。
*IP-VPN　　　　　Internet Protocol Virtual Private Networkの略。通信事業者の保有する通信網を使って構築される仮想私設通信網（VPN）のこと。
*POP　　　　　　Point Of Productionの略。
*通信プロトコル　　どのようにデータを送るか、どれだけのデータを送るかなどを決める通信規約のこと。

1-1 制御システムセキュリティが求められる理由

生産現場での無線LANの活用が増加

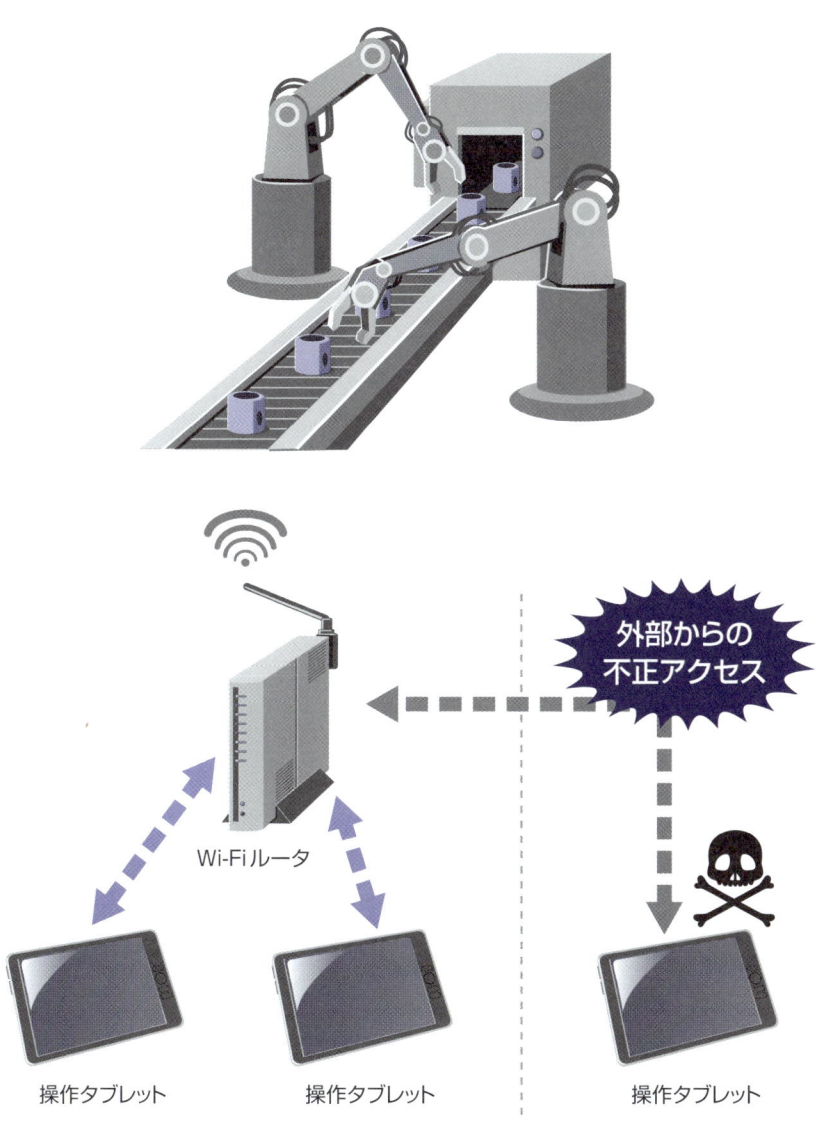

▶▶ 産業用オートメーションに欠かせないIT技術

　もし、制御システムが止まったら……。そのような場合、生産現場では、人手によるバックアップ操作で生産を継続するのが非常に困難な状況になっています。

　特に多品種少量生産が求められる現場では、**生産情報**（データ）により、ラインの切り替えや機械設備の設定変更、品質条件の設定などすべてが自動で行われます。もしこれを人手で行おうとしたら、作業効率の低下だけでなく、作業ミスによる品質低下にもつながり、その影響は計り知れません。

　また、スマートフォン、タブレット端末の普及により、われわれの日常生活の中で画面のタッチパネル操作はごく普通の技術になりました。実は生産現場では、従来から**HMI**＊と呼ばれるタッチパネルを用いた表示器の導入が浸透しています。

　作業者のスイッチ操作やランプの点灯確認などは、ハードウェアを用いたスイッチやランプから、ソフトウェアによるタッチパネル表示器の画面操作へと大きく移り変わっているのです。

　さらに、機械設備そのものにも組み込み用パソコンなどの小型コンピュータがいくつも搭載されるようになりました。高性能化とコストダウンを図るため、従来はハードウェアで実現していた機能の一部を**ソフトウェア**で実現するなど、機能の置き換えが進んでいます。

　このような現場のIT化においては、ネットワークによる情報機器同士の接続が欠かせません。IT化の進展によるイノベーションは、情報機器同士がコミュニケーションを密にすることで成り立つため、今後さらにネットワークが重要なシステムの生命線になるのです。

　今までであればネットワークへの接続など、とてもあり得なかった情報機器や機械設備が、今後どんどんネットワークへ接続される時代に入ります。知らぬ間に外部のネットワークへ接続され、思わぬ脅威に晒されていたことによって、重大なセキュリティ事故につながることが十分考えられるのです。

　一般的にIT化よる「利便性」と「セキュリティ」は、相反する関係にあるといえます。いかにこの利便性を損なわずにセキュリティ対策を進めていくのか、この両立を図っていくのも今後の大きな課題です。

＊**HMI**　Human Machine Interfaceの略。人間と機械設備の間で情報のやり取りを行う際に情報伝達の仲介を行う機器やコンピュータプログラムの総称のこと。

1-1 制御システムセキュリティが求められる理由

生産現場にIT技術は欠かせない

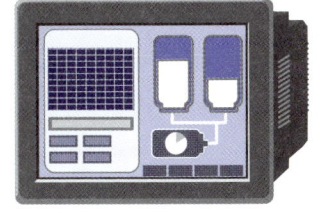

HMIによる画面操作

ハードウェアを用いたスイッチやランプからソフトウェアによるタッチパネルで操作できる

SCADAによるライン監視

制御する温度や圧力などの計測値をグラフィカルな工程フロー図として表示する

1-1 制御システムセキュリティが求められる理由

▶▶ 迫りくるIoT時代

　Industry 4.0は、インターネットを介して工場内外の物やサービスがつながり、今までにない価値を生み出したり、新しいビジネスモデルを構築したりすることを狙い、ドイツが産学官一体となって進めている取り組みのことです。

　蒸気機関の第1次産業革命、電気機関の第2次産業革命、IT導入による生産工程自動化の第3次産業革命に続く、**第4次産業革命**だといわれています。

　また米国では、GE社（General Electric社）が提唱する**Industrial Internet**により、産業革命とインターネット革命に続く、ビッグデータ時代のテクノロジーによる変革だと位置づけられ、Industry 4.0同様のコンセプトが掲げられています。

　これらテクノロジーの変革において、鍵となる技術が**IoT**＊です。IoTは「モノのインターネット化」とも呼ばれています。通信モジュールの小型化・低価格化など通信技術の進展により、さまざまなセンサや構成部品そのものが通信できるようになり、あらゆるモノがインターネットへ接続可能になることです。

　これにより、場所や時間を選ばずに、モノの状態の把握や遠隔でのコントロールが可能な世界が現実化しつつあります。

▶▶ 「つながる工場」で増大する脅威と脆弱性

　このようなテクノロジーの変革は、現場の工場やプラント、インフラにも大きな影響を与えます。それを一言で表すと、「つながる工場」だといえます。つまり、制御システムのオープン化だけではなく、工場のオープン化が進む時代に突入するということです。

　企業内の情報システムと同様に「クラウド化」や「ビッグデータ活用」が進み、インターネットなどの外部ネットワークを介して工場内外のモノやサービスが連携することになります。

　しかし、その一方で、セキュリティ面ではさらなる脅威や脆弱性が増大し、セキュリティリスクがより一層高まります。生産現場では、もはやセキュリティ対策が必須の条件になるのです。

＊**IoT**　Internet of Thingsの略。

1-1 制御システムセキュリティが求められる理由

つながる工場によってセキュリティ対策が必須

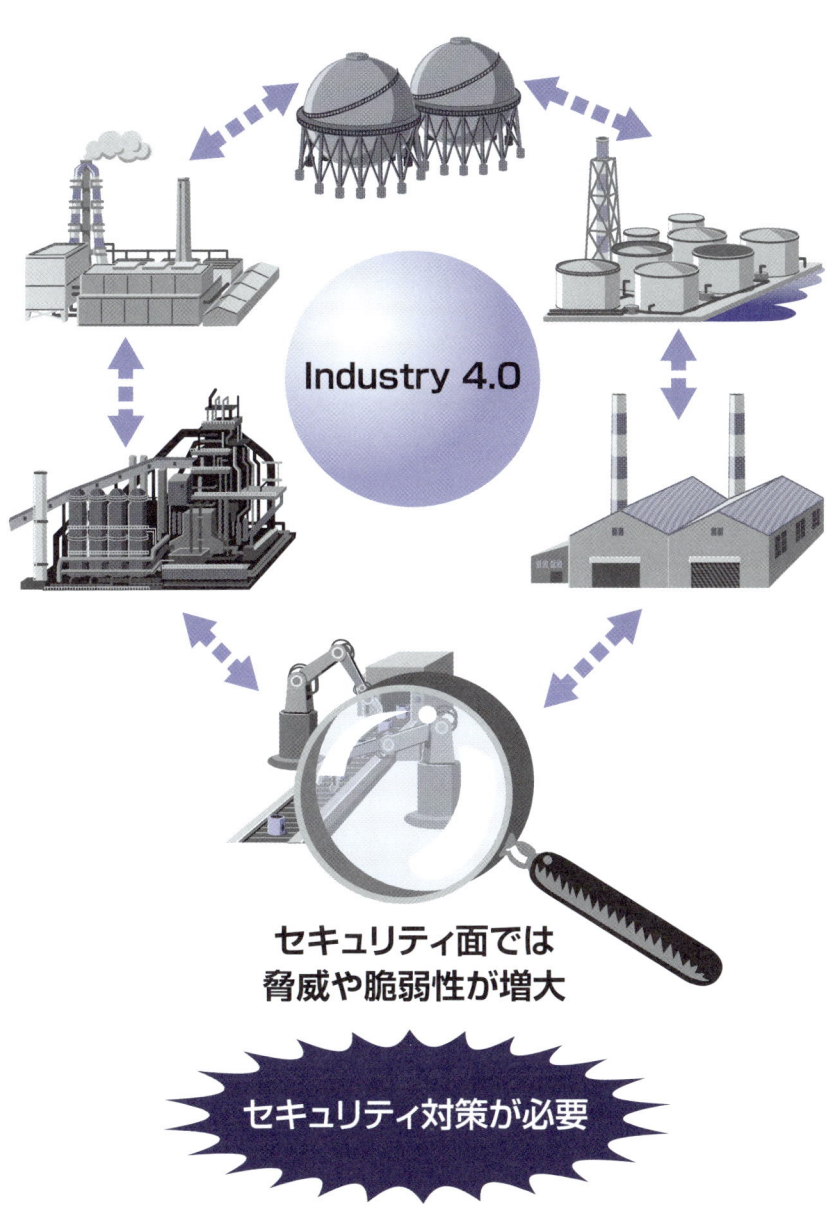

Industry 4.0

セキュリティ面では脅威や脆弱性が増大

セキュリティ対策が必要

1-2 社会インフラ、プラント、工場に与える影響

2020年に開催される東京オリンピック・パラリンピックに向けて、セキュリティ対策は大きな課題だといわれています。競技場や選手村、国際メディアセンターなどの関連施設をはじめ、政府機関、公共施設、研究・教育機関、交通機関、ライフライン、化学・石油などの重要インフラ産業、企業、社会活動を支えるあらゆる組織がサイバー攻撃の標的になる恐れがあるのです。

▶▶ 社会インフラや商業施設への多大な影響

社会インフラとは、道路、港湾、空港、上下水道や電気・ガス、医療、消防・警察、行政サービスなど多岐に渡り、私たちの生活の基盤として欠かせないものです。これらの社会インフラには多くの制御システムが使われています。

例えば、道路において青・黄・赤の色で進行許可・停止を指示する信号機は、交通の安全の確保や交通の流れを円滑にするためになくてはならないものです。この信号制御も制御システムでコントロールされています。映画のワンシーンのように、もしハッカーが信号機をハッキングしたらどうなるでしょうか。交通の混乱と事故の発生により、多大な影響を及ぼします。

また、列車の追い越しや車両の入れ替えのためには、線路の分岐路を切り替える必要があります。ここでも制御システムがその分岐を正確にコントロールする役割を担っています。もし、制御システムがマルウェアに感染して動作が重くなり、分岐の切り替えタイミングが遅れたらどうなるでしょうか。最悪、脱線などの大事故につながるおそれがあるのです。

さらに下水道の汚水を浄化し、河川、湖沼または海へ放流するために、ろ過や消毒などの処理をコントロールするのも制御システムです。海外では、悪意を持つ者が制御システムを不正に操作し、浄化が不十分な処理水が排出された事故の例もあります。

多くの人々が集まるスタジアムやテーマパーク、デパートなどの商業施設でも制御システムが欠かせません。照明や空調をスケジュール時間どおりに自動でON・

1-2 社会インフラ、プラント、工場に与える影響

社会インフラへの影響

信号制御が
できなくなったら…

→ 交通の混乱や事故の多発

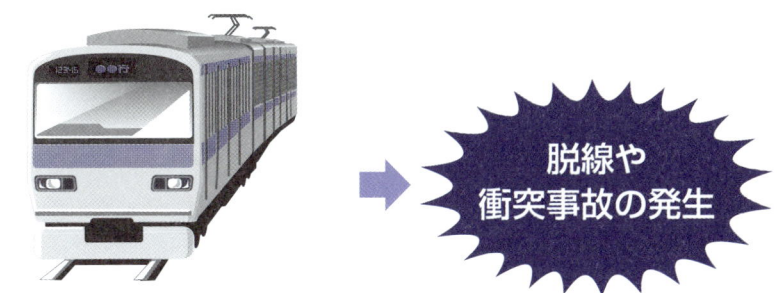

分岐制御が
できなくなったら…

→ 脱線や衝突事故の発生

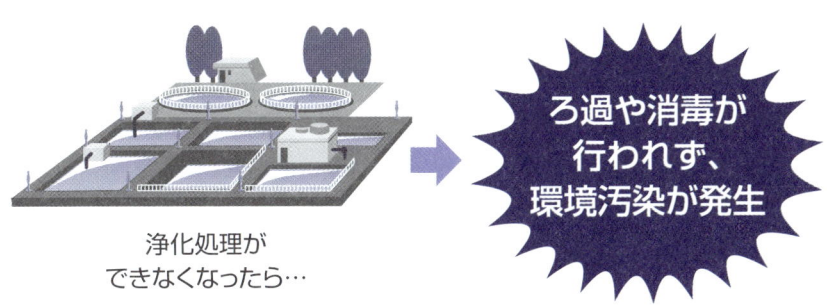

浄化処理が
できなくなったら…

→ ろ過や消毒が行われず、環境汚染が発生

1-2 社会インフラ、プラント、工場に与える影響

OFFしたり、会場内を適切な温度でコントロールしたり、省エネ実現のために照明や空調の負荷を制御したりします。これらの制御システムに不具合が生じると、多くの来場者の方々に被害が及ぶ可能性があります。

▶▶ 工場・プラント停止による影響

　鉄鋼・化学などの**プラント**や、機械・食品等の生産ラインの**工場**において、すでに制御システムは欠かせないものとなっています。「制御システムなしには、生産ができない」といっても過言ではありません。

　制御システムのトラブルで生産が停止した場合、予定どおりの納期で製品を出荷することができないだけでなく、安定したプロセスや手順で生産ができなくなるため、品質面にも影響が及びます。これらは直接、製品の納期遅れや品質不良となり、企業の経済的な損失につながります。システム停止が長期に及んだ場合、売上の低下やコストの増加によるインパクトは計り知れません。

　現在では、JIT＊（ジャストインタイム）やSCMの進展で、製造業や物流業など多くの企業が連携し、企業や組織の壁を越えてプロセスの全体最適化を行っています。そのため、一企業の生産停止がサプライチェーン全体へ連鎖し、構成部品の在庫不足から最終製品の組み立てができなくなるなど、経済活動全体へ波及する可能性があります。これらは取引先の信用を失うだけでなく、ニュース報道などにより企業の社会的な信頼を失うことも十分考えられます。

　また、化学プラントなど危険物を取り扱う設備の制御システムでは、化学反応を行う密閉された反応器やタンクなどのコントロールを行います。もし標的型のサイバー攻撃を受けて制御システムが不正にコントロールされると、爆発や火災、有害物質の放出などを引き起こし、設備の被害だけでなく、人的被害や周辺への環境汚染など大規模な災害につながる可能性があります。法的な責任を含め、訴訟リスクに晒されることも十分考えられるのです。

　とかく工場やプラントでは、生産の中心となる機械設備そのものによる故障を防ぐための対策が優先して講じられます。ただし、工場やプラントの停止要因には、制御システムのセキュリティも大きく関与することを十分認識し、思わぬ盲点にならないよう注意する必要があります。

＊ JIT　Just In Timeの略。「必要なものを、必要なときに、必要なだけ作る」生産方のこと。

1-2 社会インフラ、プラント、工場に与える影響

工場・プラント停止による影響

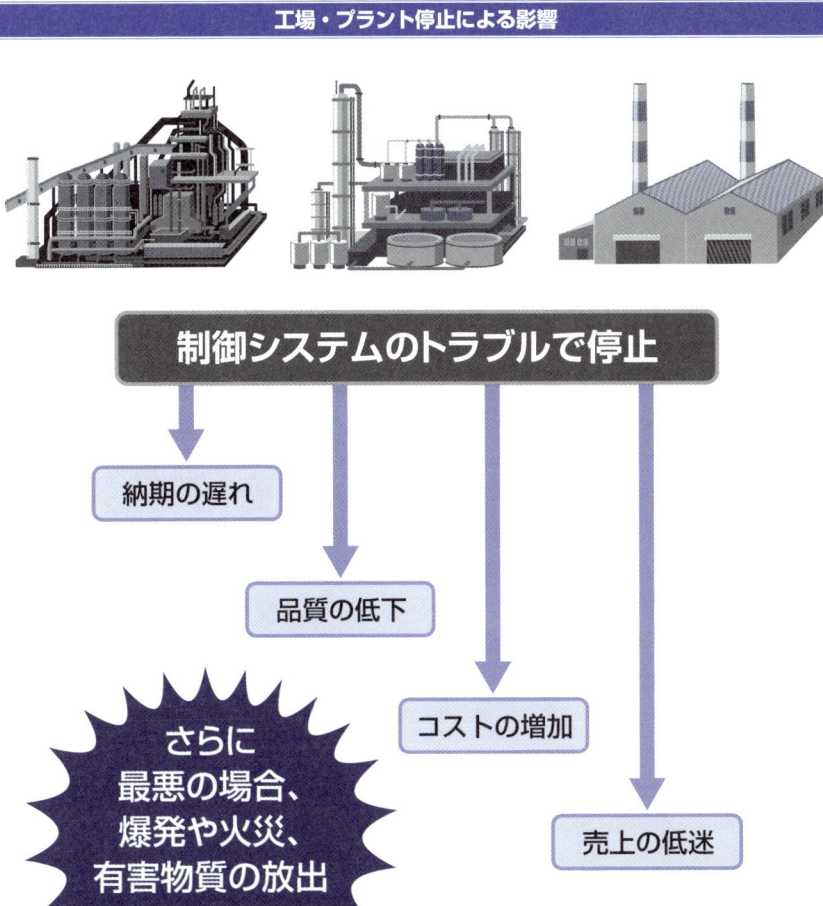

サイバーセキュリティの最新動向を知るには

　変化の激しいセキュリティの最新動向を知るには、はやりトレンドとなる情報を発信するセミナーなどへ参加し、専門家や関係者から実際に生の声を聴くのが効果的です。しかし、一般的な情報システムならいざ知らず、制御システムに関して「いったいどこでセミナーなど開催しているの？」と思われる方も多いのではないでしょうか。

　制御システムのサイバーセキュリティ対策については、VEC（Virtual Engineering Community）で積極的な活動が行われています。年に2回ほど、「VEC制御システムセキュリティ対策カンファレンス」を大々的に開催し、毎回多くの方々が来場されています。私も登壇してホットな情報をお伝えしていますので、読者の皆様もぜひ参加ください。

　詳細については、VECのホームページ（https://www.vec-community.com/ja/）をご参照ください。

▼2015年5月29日開催の「第6回VEC制御システムセキュリティ対策カンファレンス」著者講演

第 **2** 章

制御システムの基礎知識

本章では、制御システムがいったいどのようなものなのか、その用途、構成、特徴などの基礎知識を解説します。

2-1 企業活動を支える制御システム

制御システムは、工場・プラントなどの産業用オートメーションで幅広く用いられています。自動化・省力化が進む生産現場では、もはや企業活動を行う上で欠かせないものとなっているのです。

▶▶ 産業用オートメーションで自動化・無人化が進む工場

産業用オートメーションとは、工場・プラントなどで人間によって行われていた生産工程を**自動化**することです。自動化の目的は、生産効率のアップやコストダウンだけでなく、安定した生産による品質向上や、多品種少量生産に対応するためのライン切り替えの柔軟性を高めることなども含まれます。

また自動化とは従来、人間によって行われていた作業を**無人化**していくことです。これは作業の効率化だけでなく、作業ミスの削減や作業の安全性を高めることが含まれます（ただし、製品の製造には人の高度な技能が求められる作業があります。設備投資の費用対効果も評価されますので、すべての工程の無人化を目指すものではありません）。

実は産業用オートメーションには、**FA**＊（ファクトリオートメーション）と**PA**＊（プロセスオートメーション）という２つの形態があります。

●FA（ファクトリーオートメーション）

主に自動車産業を中心として発展した技術であり、組み立て産業向けのオートメーションといわれます。人が製品を組み立てる作業を、産業用ロボットなどで置き換えることです。

●PA（プロセスオートメーション）

主に石油産業を中心として発展した技術であり、素材産業向けのオートメーションといわれます。原料に熱と圧力など加えて製品をつくる化学反応を最適に調整することです。

＊**FA**　Factory Automationの略。
＊**PA**　Process Automationの略。

2-1 企業活動を支える制御システム

FAとPAによる産業用オートメーション

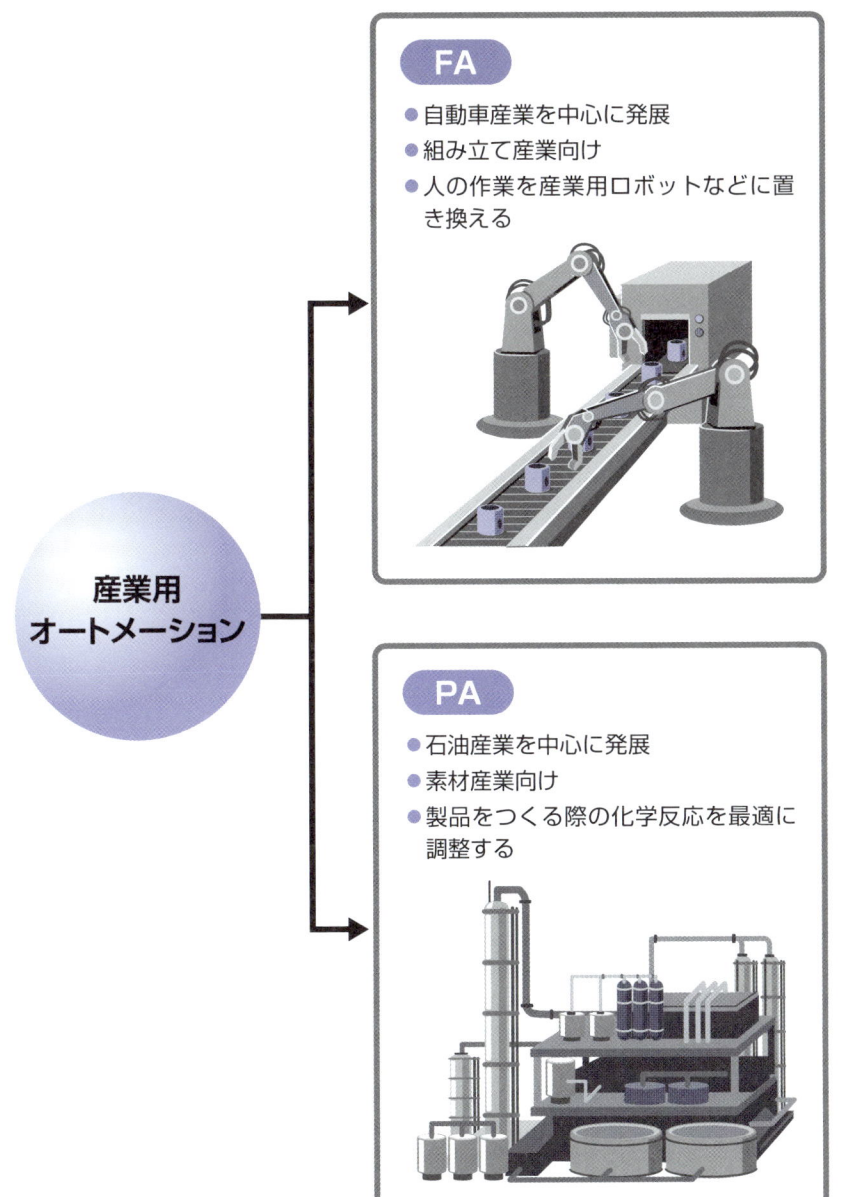

2-1　企業活動を支える制御システム

▶▶ 制御システムが生産現場の司令塔

　人の作業を自動化するには、それに対応した機械設備の導入が必要になります。しかし、それだけでは自動化は実現しません。複数の機械を連動したり、必要な設定を機械へ送信したり、工程全体の動きをコントロールする必要があります。

　その役割を担うのが、**制御システム**です。すなわち、生産現場の司令塔になるものです。

　FAでは人の作業を置き換えるために、産業用ロボットやコンベアライン、自動搬送機などを組み合わせ、これらを制御システムでコントロールします。例えば、製品を組み立てる場合、必要な部品をコンベアラインで産業用ロボットの手元へ送ります。そして、産業用ロボットへ動作パターンの情報を伝達し、製品を組み立てます。さらに完成した製品は自動搬送機で受け取られ、倉庫へ搬送します。これら一連の指示を制御システムが行うのです。

　一方、PAでは製品をつくる過程を調整するために、温度や圧力、流量といった計測値をセンサで取り込み、制御システムで必要な操作量をコントロールします。例えば、製品をつくる場合、炉の中の原料に必要な熱が加わるよう、温度センサの測定データを監視しながら、熱源のバルブ操作の開度を調整します。これらの目標と実際の値を一致させる指示を制御システムが行うのです。

　FAとPAでは特徴に違いはありますが、いずれにせよ、工場の現場を自動化するには制御システムの存在が欠かせません。工場の中では、多種多様な機械設備や機器などを人が操作して製品をつくっていますが、自動化するには、人がそれぞれ操作していた作業を置き換える必要があります。そのためには、代替した個々の作業を連携して動かす指示命令が欠かせないのです。

　もし制御システムがハッキングされ、不正な指示命令を出したら、いったいどんな事態になるのかを考えただけで末恐ろしいはずです。組立ラインの誤動作による製品や機械設備の破損、異常なバルブ操作によるタンク圧力の上昇や爆発など、その影響は計り知れません。

2-1 企業活動を支える制御システム

制御システムが生産現場の司令塔

制御システム

生産現場の司令塔

FA

動作パターン
A→B→C

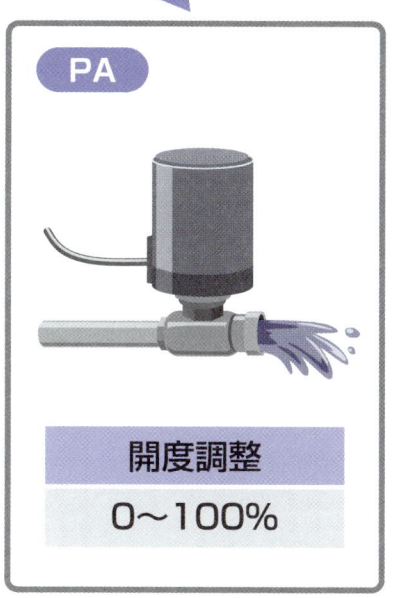

PA

開度調整
0〜100%

2-1 企業活動を支える制御システム

▶▶ シーケンス制御とは「順番に動かすこと」

　シーケンス制御*とは、「あらかじめ定められた順番で、制御の各段階を逐次進めていく制御」のことです。例えば、信号機のランプを「青→黄→赤」と一定間隔で切り替えていく動作などです。自動洗濯機の「洗い→濯ぎ→脱水→乾燥」と動作を進めるのもシーケンス制御です。

　FAの生産現場では、

> ①機械を動かす順番を替える（順序）。
> ②前後の機械を一定時間の間隔で動かす（タイミング）。
> ③あらかじめ設定した回数で動かす（カウント）。

などの動かし方をロジック化し、制御システムに記憶させます。

　現在、自動車産業などで主流の多品種少量生産は、シーケンス制御がないと実現不可能だといえます。生産ラインでは、1台1台異なる車種やカラーの自動車を流す混合生産が行われます。流れる製品に応じて、制御システムが自動でラインの動かし方を替えていくのです。

　旧来のシーケンス制御は、ハードウェアの**電気回路**でロジックが作成され、制御システムに実装されていました。よって、シーケンス制御の内容に変更が生じると、電気回路の配線をし直すなど、大掛かりな対応が必要でした。

　現在では、**PLC**＊（プログラマブルロジックコントローラ）と呼ばれるシーケンス制御専用のコンピュータ機器を用いて、**ソフトウェア**を使ってロジックを作成することから、制御の内容を柔軟に変更できるようになっています。

　先ほどの自動車の例でいうと、車のモデルチェンジのたびにラインの動かし方が変われば、シーケンス制御の内容が変わります。このソフトウェア化による柔軟性の向上は、制御システムにおける大きなイノベーションの1つだといわれています。

　幅広い業種・業態の自動化にシーケンス制御は欠かせないことから、狭義の制御システムといえば、PLCを用いたシーケンス制御を示すこともあります。

＊シーケンス制御　　シーケンス（sequence）には、「連続」「一連の動き」「順番」などの意味がある。シーケンス制御をするコントローラーを通称としてシーケンサーと呼ぶこともある。
＊PLC　　　　　　　2-2節「制御システムの構成（ハードウェア）」を参照。

2-1 企業活動を支える制御システム

シーケンス制御とは「順番に動かすこと」

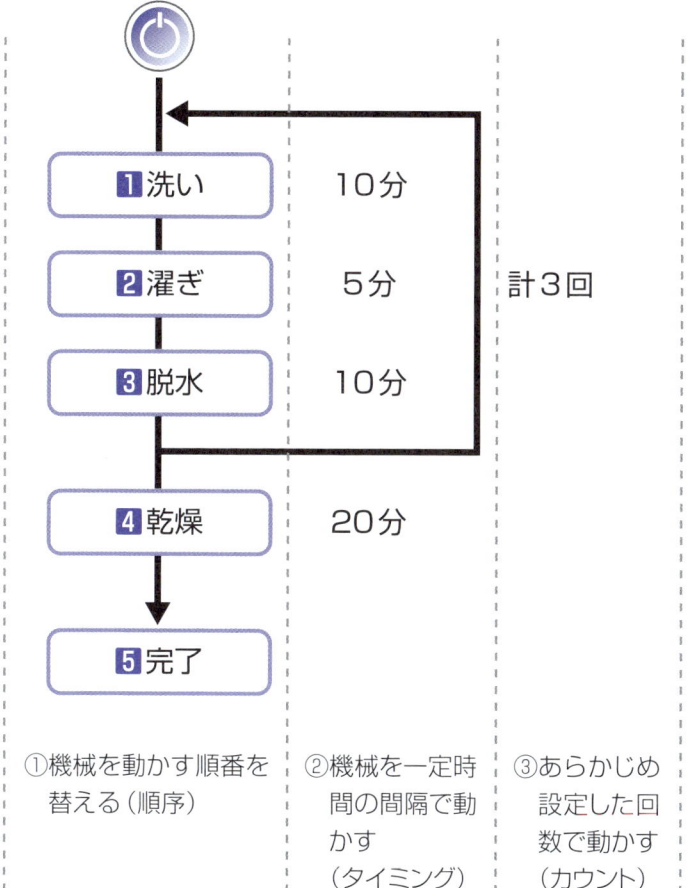

2-1 企業活動を支える制御システム

▶▶ プロセス制御とは「目標へ一致させること」

プロセス制御＊とは、「目標値と実際値を比較しながら、両者を一致させるよう操作量を調節する制御」のことです。例えば、エアコンの自動温度制御がその一例です。夏場は室温設定の28℃に保つために、室温が28℃を超えれば自動で冷媒の操作量を増やし、28℃に近づくよう調節します。

PAの生産現場では、供給された原料をもとに製品をつくるため、工程の流量・温度・圧力などの運転条件の調節が必要であり、制御システムが自動でバルブの開度などを操作します。大規模なプラントでは、人が手動で数千にも及ぶセンサ機器の計測値を確認しながら操作量を調整するのは不可能です。そのため、プラントの安定稼働には、プロセス制御が絶対欠かせません。

プロセス制御は、大きく以下の2つに分類されます。

●フィードバック制御

フィードバック制御は、現在値をセンサで検知し、目標値へ近づけるよう操作量をフィードバックして適切に修正を行う制御です。一般的にプロセス制御といえば、このフィードバック制御を示します。

エアコンの温度制御を例にとると、外気の温度が上昇して室温が上がればその変化（外乱）を温度センサでとらえ、目標温度との差を埋めるために、冷媒の操作量を増やします。

●フィードフォワード制御

フィードバック制御は、現状との差が表れてから修正を行います。よって、事後的な処理となるので、どうしても制御の追従に遅れが生じます。

これと比べて、**フィードフォワード制御**は、差異の要因となる値（外乱）をセンサで検知し、そこから修正が必要な操作量を事前に計算し、修正を行います。目標値との差が生じる前に修正を行うため、制御の追従が早くなります。

ただし、外乱の検出や操作量の計算を適切に行うのは難しく、適用できる制御には限界があります。

＊**プロセス制御** 　プロセス（process）には、「処理」「加工」「経過」などの意味がある。

2-1 企業活動を支える制御システム

プロセス制御とは目標へ一致させること

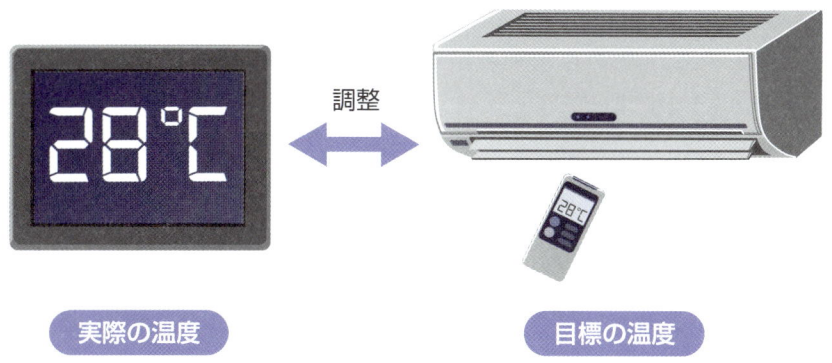

生産現場でのプロセス制御

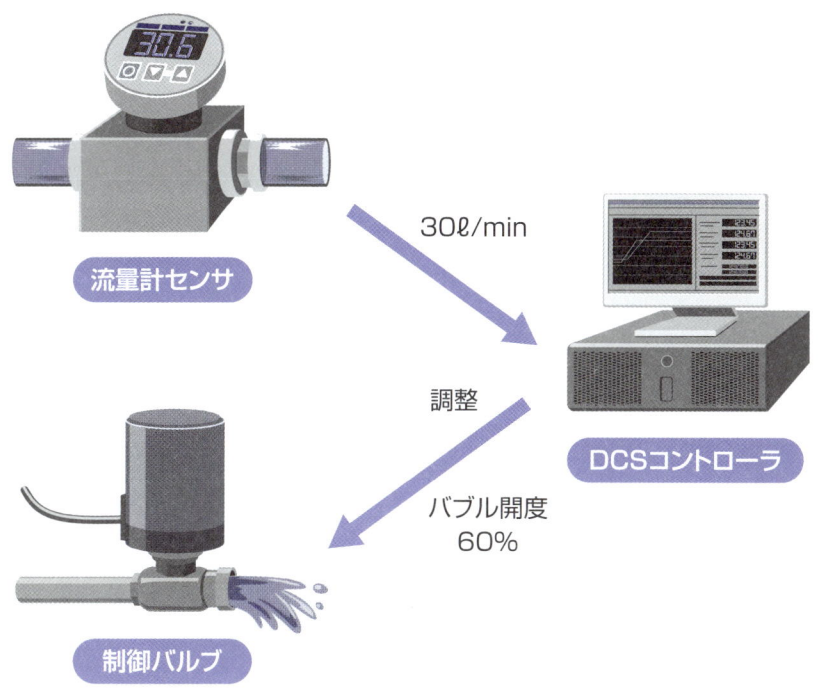

2-1　企業活動を支える制御システム

▶▶ インフラにおける制御システムの主な役割

インフラでは、ユーティリティ管理のほか、交通管制などに制御システムが使われています。

●ユーティリティ管理

ユーティリティ管理は、オフィスビルや商業施設などの空調や照明をコントロールし、室内環境や省エネルギーのための監視・制御を行います。

主な役割として、時間や曜日設定などのカレンダスケジュールの設定により、空調の入・切や温度調整、照明の入・切などを制御します。また、電力使用量を監視し、設定した目標値の超過を予測して、アラーム警報や空調の負荷制限などを実施します。

一定規模の人を収容する施設でのユーティリティ管理は必須であり、工場やオフィスビル、公共施設、ショッピングセンター、ホテル、データセンターなど、非常に広い業種・業態の企業で利用されています。また、中央管制室（警備室）などで集中監視が行われることから、施設内にネットワークが張り巡らされます。そのため、ネットワークの脆弱性を狙った不正侵入や被害拡大などのリスクが高くなります。

スケジュール発停							
	月	火	水	木	金	土	日
ON	7:00	8:30	8:30	8:30	8:30	—	—
OFF	23:00	23:00	18:00	23:00	23:00	—	—

カレンダスケジュールの設定により、空調や照明の入・切などを制御

2-1 企業活動を支える制御システム

●交通管制

交通管制には、道路の交通管制はもちろん、広くは鉄道管制や航空管制などが含まれます。交通インフラの安全には欠かせないものです。

その役割として、ここでは道路の交通管制を例に取り上げます。交通管制が果たす役割には、交通網の効率的な管理と交通情報の効果的な活用の2つがあります。車両感知器やテレビカメラなどで、たくさんの交通情報を収集し、交通の安全と円滑化、さらには交通情報の提供など行います。

交通管制の最大の特徴は、システムが非常に大規模かつ広範囲に及ぶことです。したがってシステム障害が発生した場合、人の安全に直結し、社会経済へ大きな影響を及ぼします。

▶▶ プラントにおける制御システムの主な役割

プラントにおいて制御システムが果たす役割には、連続制御とバッチ制御があります。

●連続制御

連続制御は、原料から製品までの製造工程が連続的な物理化学的処理によって管理される制御のことです。通常、単一の製品を大量に連続して処理することで、効率的に安定した生産が行われます。

代表的なプラントには、石油精製プラントや石油化学の高分子製造プラント、製鉄所の高炉、製紙プラントの原料生成などがあります。

連続制御の特徴として、温度や圧力、流量、レベルセンサ等を用いた定常プロセスの安定制御を行うものが中心となります。連続制御は、複雑な化学変化や物理プロセスを持つため、プロセスのモデル化が非常に難しく、一般的に制御を自動化しにくいといわれます。

●バッチ制御

同一の設備や装置で、多品種の製品を生産するシステムを**バッチシステム**と呼び、その制御形態を**バッチ制御**、あるいは**バッチプロセス制御**と呼びます。

例えば、代表的なプラントとして、化学やファインケミカル工場における樹脂や

2-1 企業活動を支える制御システム

連続制御とバッチ制御

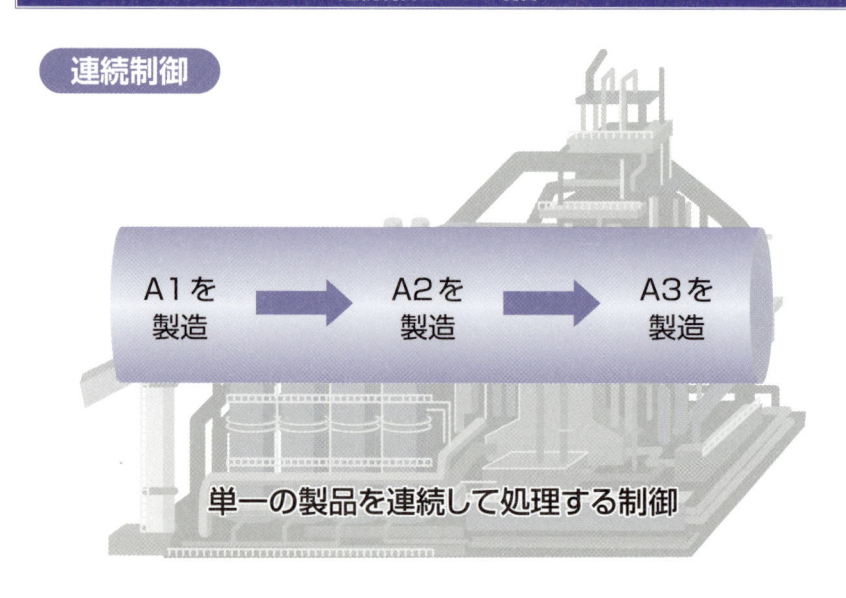

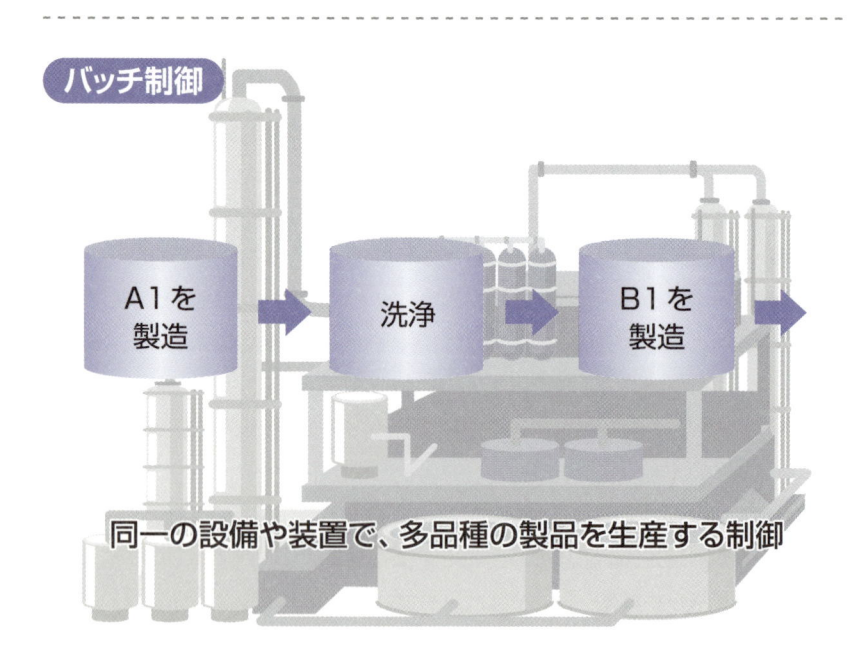

連続制御

A1を製造 → A2を製造 → A3を製造

単一の製品を連続して処理する制御

バッチ制御

A1を製造 → 洗浄 → B1を製造 →

同一の設備や装置で、多品種の製品を生産する制御

薬品原料の製造、洗剤や化粧品、食品（ジュース飲料等）の製造プラントなどがあります。

バッチ制御の特徴は、反応炉やタンクに各種の原料、触媒を入れて一定の比率と順序で反応させるといった製造工程を持ち、反応時間や温度等の条件を調整するための監視・制御が行われることです。バッチ制御は、前述したように多品種少量生産のプラントに多く導入されるため、品種の切り替えや品種ごとに異なる操作を必要とします。

▶▶ 生産工場における制御システムの主な役割

生産工場では、生産工程管理や物流管理などに制御システムが使われています。

●生産工程管理

これまで何度も触れてきましたが、製造業を中心に工場・プラントの生産ラインで制御システムによる**生産工程管理**が幅広く用いられています。FAやPAなどで分類され、産業用オートメーションでは欠かせないものです。

主な役割は、工場・プラントの省力化や効率化によるコスト削減、安定した稼働による品質向上などです。もはや「制御システムなしではモノがつくれない」といえるでしょう。

生産工程管理の特徴は、小規模から大規模にまで及ぶシステムのスケール規模や、シンプルな制御から非常に高度な制御まで、とにかくバリエーションが多いことです。よって、従来はその用途に応じて独自で固有なシステムが構築されましたが、現在では**オープン化**（標準化）が進展しています。

●物流管理

物流管理とは、工場・プラントで使用される部品や材料、最終製品を保管するための搬送や倉庫管理を行うことです。

物流管理では、コンベアや自動搬送機を動かして部品や材料、製品を保管場所から入出庫します。

2-1 企業活動を支える制御システム

生産工程管理

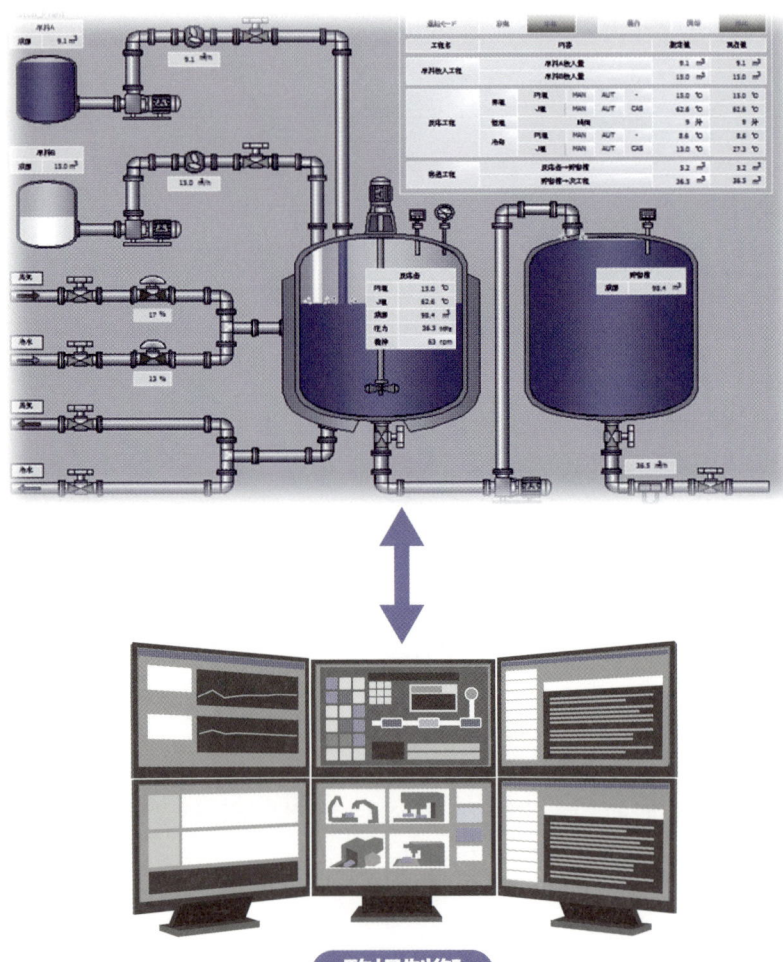

⇅

監視制御

- プラント、工場の省力化
- 効率化によるコスト削減
- 安定した稼働による品質向上

2-1 企業活動を支える制御システム

「どこのロケーションに何がいくつある」という在庫管理と、「どこからどこまで移動する」といった搬送制御を行います。

物流管理の特徴は、従来から倉庫の自動ラック＊などの機械設備と一体となり、構築・導入されることが多いことです。システムも機械設備を提供するメーカーからセットで提供されます。そのシステムの中身はブラックボックス化して見えますが、現在では汎用的なSCADA＊（スキャダ）やPLCが数多く使われています。

COLUMN セキュリティ環境の変化

情報セキュリティを取り巻く環境の変化については、読者の皆様もいろいろ実感されているかと思います。私がとても実感しているのが、個人情報の取り扱いの変化です。

一昔前、街中には多くの公衆電話ボックスが設置されていました。そこにはNTTが発行する電話帳（ハローページ）が据え置かれ、住所・名前・電話番号が掲載されていました。私が学生のころなど、クラスメートの大まかな住所と苗字から、その電話帳ですぐに自宅の電話番号を見つけることができました。個人情報は、機密にされるどころか、堂々と公開されていたような時代でした。

今ではとても考えられないことですが、セキュリティ環境はそれだけ大きく変化しているのです。いま普通に行っていることが、10年後には全面的に禁止されているかも知れません。皆さんはどのようなことを思い浮かべますか。もしかしたら、SNSを使って友達になることも、簡単にはできなくなっているかも知れません。

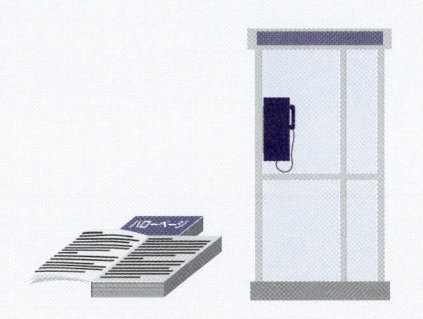

＊ **自動ラック** 部品や材料などを収納し、出し入れをコンピュータ制御により自動的に行う荷棚のこと。
＊ **SCADA** 2-2節「制御システムの構成（ハードウェア）」を参照。

2-2 制御システムの構成（ハードウェア）

制御システムに用いられるPLC、DCS、SCADA、HMI、フィールド機器などの機器の特徴を説明します。

▶▶ PLC（プログラマブルロジックコントローラ）

PLC＊（プログラマブルロジックコントローラ）は、電気回路で実装していたシーケンス制御のロジックを、マイクロプロセッサを用いた専用コンピュータ機器によりソフトウェア化したものです。**ハードウェアロジック**を**ソフトウェアロジック**で置き換えることができます。これにより、ロジックの変更が必要な場合、電気回路の配線をやり直すことなく、ソフトウェアを書き換えるだけで、容易に実施ができるようになりました。

現在において、ほとんどのシーケンス制御は、PLCによりソフトウェア化が行われています。ただし、その取り扱いは情報処理技術者ではなく、電気技術者が中心です。

以下にPLCの特徴をいくつかあげておきます。

●停止することなくロジックを変更できる

PLCには、企業内の情報システムで用いられるコンピュータとは大きく異なる特徴があります。企業内の情報システムでは、ソフトウェアを変更する際に一度プログラムを停止する、またはコンピュータを再起動する必要が生じます。PLCは、できるだけ機械設備を停止することなく、シーケンス制御のロジックを変更できるような仕組みを実現しています。つまり、シーケンス制御を実行している間に、そのロジック（ソフトウェア）そのものを変更できるのです。

この実行中（オンライン中）の変更は**RUN中書き込み**などと呼ばれ、PLCに欠かせない機能になっています。つまり、ちょっとしたロジックの変更を、生産ラインを止めることなく（動かしたまま）実施できるのです。これにより、生産ラインのメンテナンス性の大幅な向上につながりました。

＊**PLC** Programmable Logic Controllerの略。

2-2 制御システムの構成（ハードウェア）

PLCによりシーケンスはハードからソフトへ

かつては

電気回路による
シーケンス制御 ➡ ロジックの変更は、
電気回路の配線を
やり直す

現在は

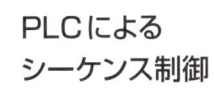

PLCによる
シーケンス制御 ➡ ロジックの変更は、
ソフトウェアを
書き換えるだけ

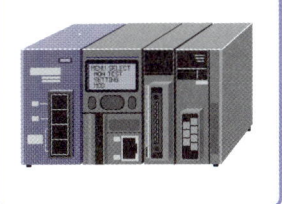

第2章　制御システムの基礎知識

2-2 制御システムの構成（ハードウェア）

●PLCの構成

PLCは主に、シーケンス制御のロジックである**ラダープログラム**と、そのロジックによる状態変化を記憶する**デバイスメモリ**で構成されます。ロジックの論理演算そのものがラダープログラムであり、その論理演算により変化した値（ON／OFF、数値）を保持するのがデバイスメモリです。

●PLCネットワーク

初期のPLCでは、生産ライン間のPLC同士を電気配線で接続していました。例えば、3台の機械の運転信号（ON-OFF）をPLC間でやり取りする場合、それぞれ3本の配線を引いて接続します。やり取りする信号が増加する場合、配線を追加する必要がありました。また、多くのPLC同士が信号をやり取りする場合、配線の数は膨大となります。

ロジックのソフトウェア化と同様に、現在では、これらPLC間の配線もネットワーク接続によりソフトウェア化を実現しています。PLC同士はネットワークケーブルでつながれ、それぞれの信号を共有できます。

●ソフトウェアにより機能が高度化

PLCの主な機能は、シーケンス制御を行うための論理演算です。しかし、近年では、浮動小数点による四則演算が行えるなど、データ処理するための演算機能が充実しています。

また、オプションユニットを装着することで、BASICやC言語などの高級言語を使ったプログラミングも可能となっています。今ではWindowsパソコンの機能を持つユニットも存在します。

もはやどこまでがPLCで、どこまでがパソコンの機能範囲なのか、境界がなくなってきました。

2-2 制御システムの構成（ハードウェア）

PLCネットワークの仕組み

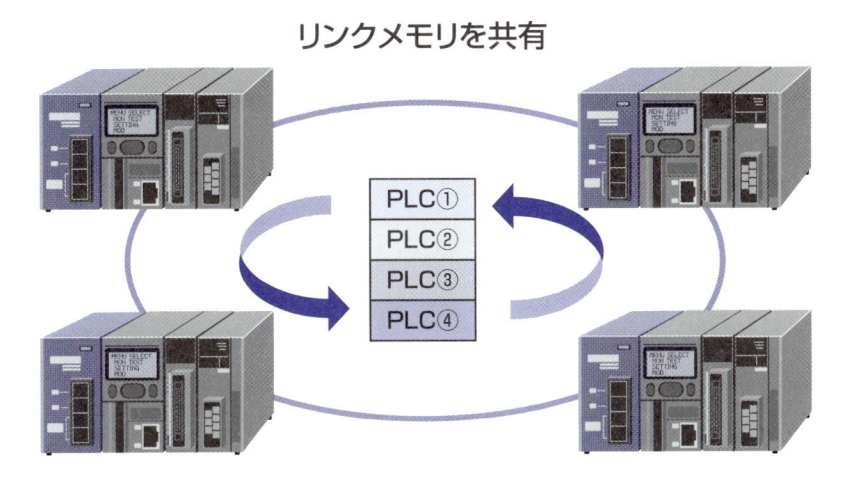

リンクメモリを共有

PLC①
PLC②
PLC③
PLC④

ソフトウェアにより機能が高度化

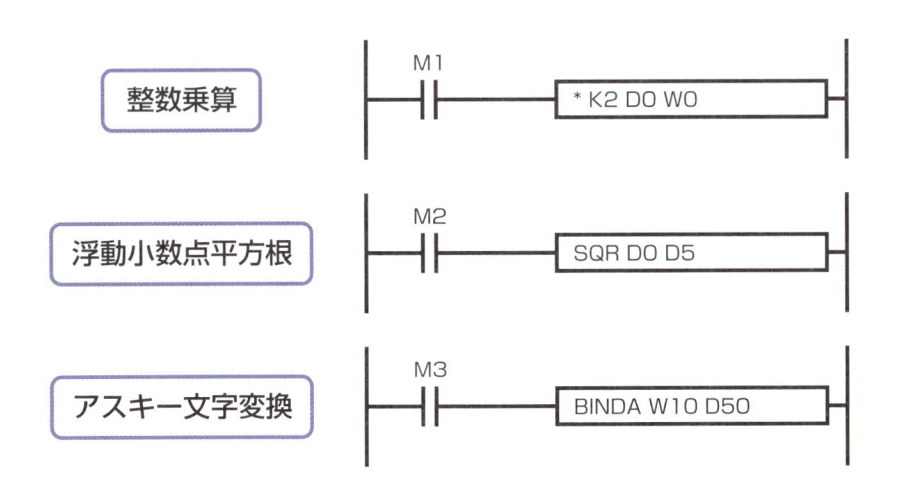

整数乗算　　　M1　　　* K2 D0 W0

浮動小数点平方根　　　M2　　　SQR D0 D5

アスキー文字変換　　　M3　　　BINDA W10 D50

2-2 制御システムの構成（ハードウェア）

▶▶ DCS（分散制御システム）

　DCS*（分散制御システム）は、プロセス制御に用いられる専用のコンピュータです。古くは大型のホストコンピュータを使って集中制御を行っていました。現在では小型のワークステーションなどをネットワークで接続して処理を分散することで、拡張性や信頼性を備えながらコストダウンを図っています。
　以下にDCSの特徴を述べます。

●制御ループを複数のコントローラで担当

　シーケンス制御では、あらかじめ定められた順序のロジックである論理演算を高速に処理することが求められます。これに比べ、プロセス制御では目標値（設定値）と測定値（実際値）を一致させるために、目標値と測定値の偏差をもとに微分や積分などの演算を行い、必要な操作量を計算していきます。この1つの目標値への一致を処理する単位を**制御ループ**と呼びます。DCSでは、この制御ループを複数のコントローラ機器で分担し、処理能力を高めています。

●DCSのシステム構成

　DCSでは、制御ループを演算処理するコントローラと、その制御の状態を画面で監視する操作端末をネットワークで複数台接続してシステムが構成されます。コントローラはメーカー独自のシステム環境（OS・ソフトウェア）が主流ですが、操作端末はUNIXやLinux、近年ではWindowsプラットフォームが活用されており、オープン化が進んでいます。

●ダウンサイジングの波

　DCSのダウンサイジングはオープン化だけではなく、ここ近年、DCSコントローラをPLCへ置き換えるDCSのPLC化が進みつつあります。
　これはPLCが比較的に低価格であり、シーケンス制御のロジックを高速処理するだけでなく、プロセス制御で用いられる演算処理の機能を備えるようになったからです。**PLC計装**とも呼ばれ、SCADAと組み合わせて小規模なプラントで導入する事例が増えています。

＊**DCS**　Distributed Control Systemの略。

2-2 制御システムの構成（ハードウェア）

PLC計装によるプロセス制御

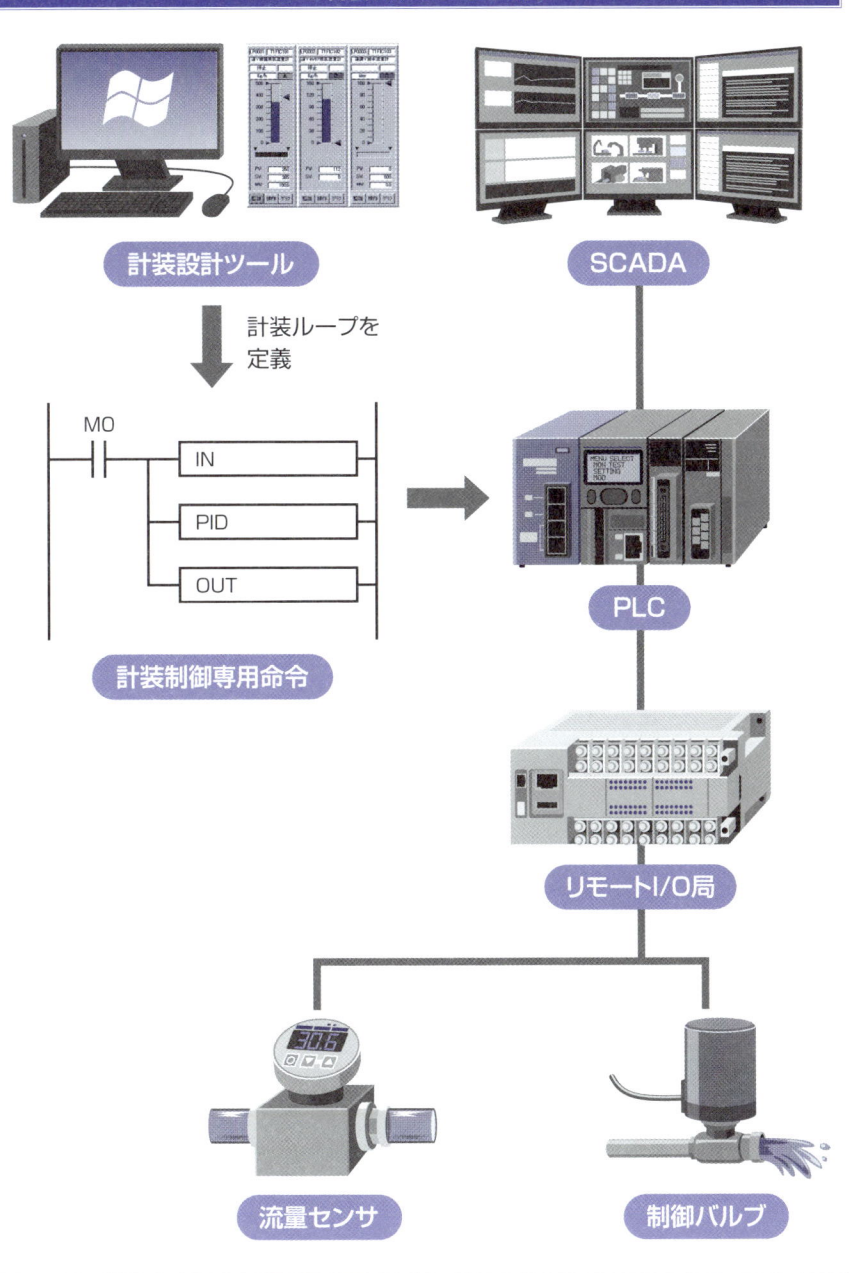

計装設計ツール

SCADA

計装ループを定義

計装制御専用命令

PLC

リモートI/O局

流量センサ

制御バルブ

第2章　制御システムの基礎知識

▶▶ SCADA（スキャダ）

SCADA*（スキャダ）は、コンピュータによるシステム監視とプロセス制御を行う産業制御システムのことです。日本でSCADAという用語が使われ始めたのは、ここ20年前くらいからです。それまでは単に「生産監視システム」と呼ばれるなど、特定の機能・用途も明確ではなく、PLCやDCSのメーカーなどが自社独自の製品として提供していました。

SCADAの主な特徴は、以下の通りです。

●生産工程をフロー図で監視できる

SCADAの主な機能としては、PLCやDCSとネットワークで通信し、PLCが制御する機械などの運転状態（PLCのデバイスメモリ）や、DCSの制御する温度や圧力などの計測値を、パソコンのグラフィカルな工程フロー図に表示することです。これにより、事務所内のパソコンで生産工程全体の状況を一目で監視することができるようになりました。

また、PLCの運転条件やDCSの制御目標値などを、設定データ（レシピ）として送信することを行います。

●オープン化の影響

SCADAは、そもそもPLCやDCSがTCP/IPなどの標準ネットワークで接続できる機能を備えたのを契機に、Windows上で動作するSCADAの汎用パッケージソフトウェアが開発されるなど、オープン化でその機能を大きく発展してきました。今では複数メーカーのPLCやDCSと接続したネットワーク構成が取れるようになっています。

このようにSCADAは、制御システムの中で最も早くからオープン化が進んだ製品だといえます。よって、企業内の情報システムと同じく、Windowsプラットフォームに潜む脆弱性や、それを狙った脅威に晒される状況にあります。

現在でもWindows 2000やWindows XPなどの古いOSが継続して使われていることが多く、セキュリティパッチなどが適用できない状況下にあり、高いセキュリティリスクを持つシステムも存在します。

---

* **SCADA**　Supervisory Control And Data Acquisitionの略。

2-2 制御システムの構成（ハードウェア）

SCADAの画面例

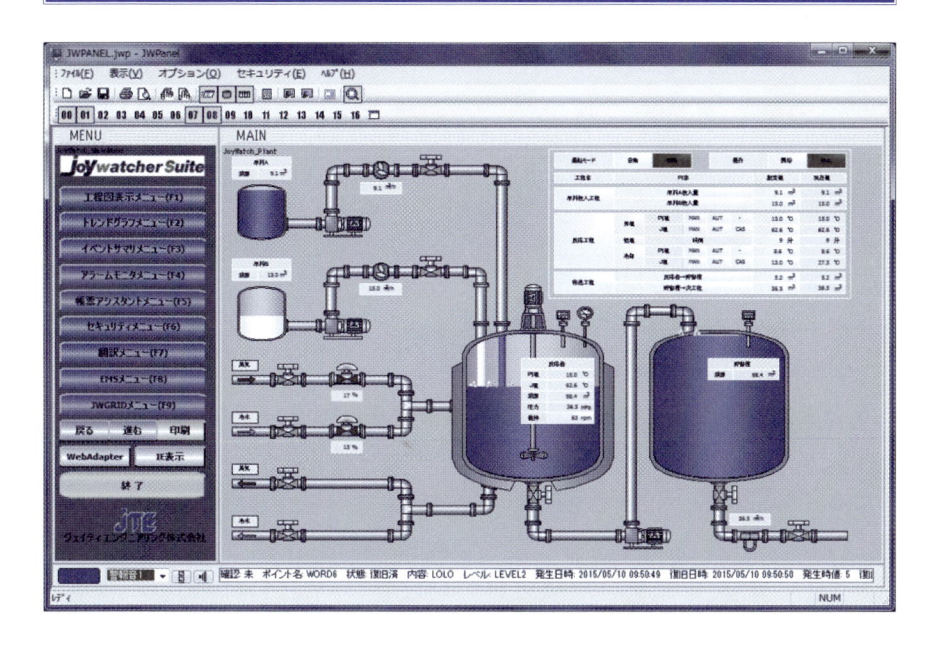

SCADAの登場により、加速するオープン化

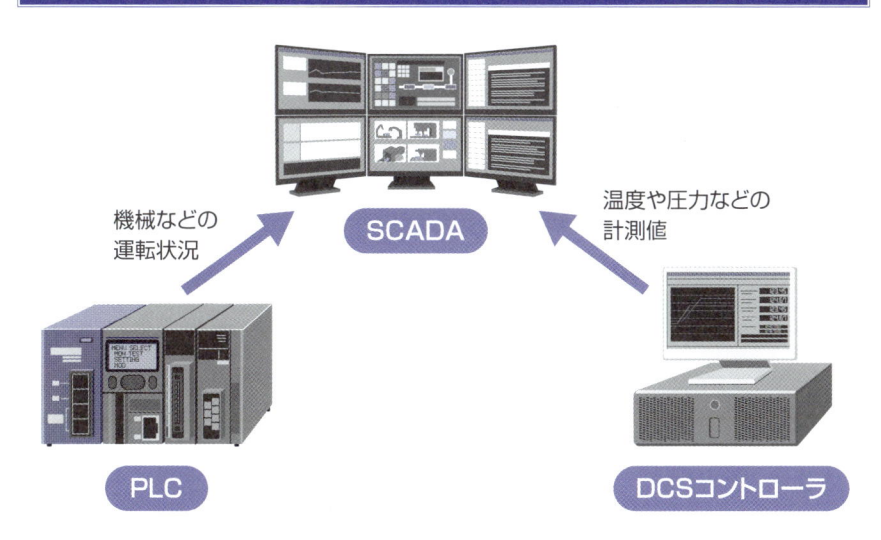

PLC　機械などの運転状況　→　SCADA　←　温度や圧力などの計測値　DCSコントローラ

▶▶ HMI（ヒューマンマシンインターフェイス）

　HMI*（ヒューマンマシンインターフェイス）は、人間と機械設備の間で情報のやり取りを行う際に情報伝達の仲介を行う機器やコンピュータプログラムの総称のことです。MMI*（マンマシンインターフェイス）と呼ばれることもあります。制御システムに対して、人が操作を行う際のユーザーインターフェイスとなるものです。
　以下にHMIの特徴をいくつかあげておきます。

●プログラマブル表示器で操作性が向上
　生産ラインのトラブルや異常が発生した場合、人が手動で制御システムを操作して復旧させることがあります。
　古くは、スイッチやランプがたくさん並んだ専用の操作器が独自につくられていましたが、現在ではタッチパネル式の画面を使う**プログラマブル表示器**に置き換わっています。つまり、ハードウェアによるスイッチ・ランプが、画面に表示されるスイッチ・ランプへとソフトウェア化されました。これにより、ユーザーインターフェイスの機能が向上し、わかりやすい画面で人の操作ミスを減らすことにつながりました。
　また、レイアウトの変更も物理的に操作器を改造することなく、画面上でソフトウェアを変更するだけで容易に行えるようになりました。
　プログラマブル表示器は、PLCとネットワークで接続され、画面の操作でPLCのデバイスメモリを読み書きします。PLCの画面インターフェイスといってもいいでしょう。

●オープン化の影響
　現在においてもプログラマブル表示器の多くは独自のシステム環境（OSやソフトウェア）で構成されるものが多く、比較的オープン化の影響は少ないかと思います。
　ただし、WindowsやLinuxのプラットフォームをベースにした製品で、SCADAのような機能を持つ製品機器も存在します。
　また、従来はPLCとシリアルケーブルで直接接続されましたが、近年ではTCP/IPなどの標準ネットワークで接続されることも多くなっています。よって、セキュリティ上のリスクは決して少なくないといえます。

＊ **HMI** 　Human Machine Interface の略。
＊ **MMI** 　Man Machine Interface の略。

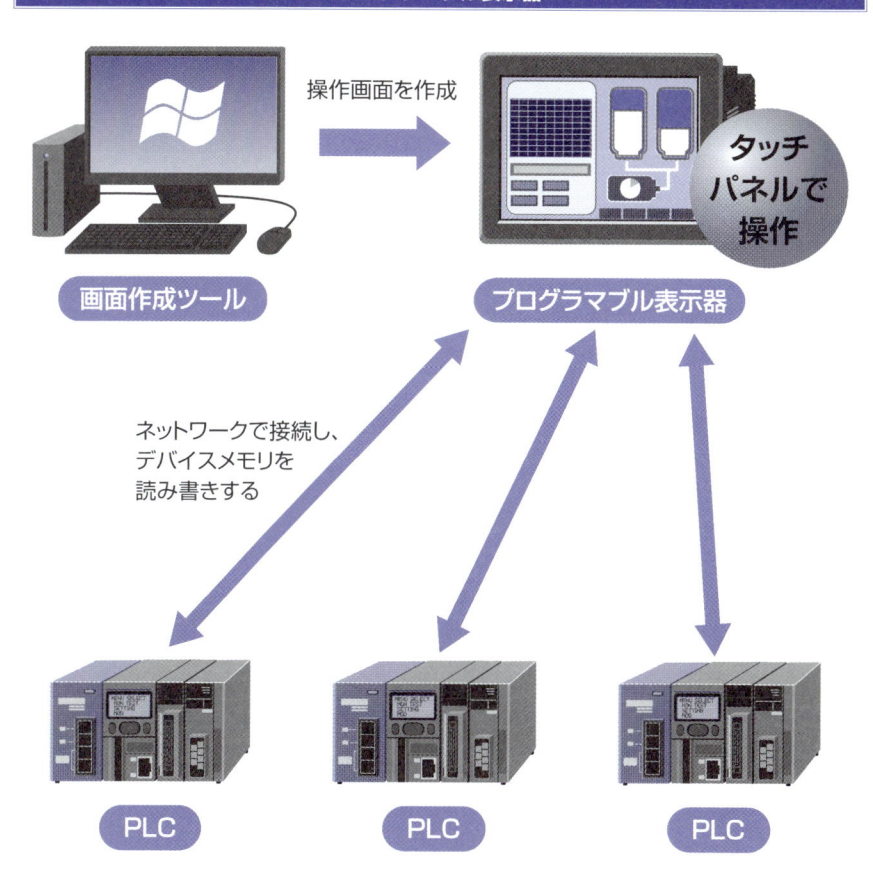

2-2 制御システムの構成（ハードウェア）

プログラマブル表示器

操作画面を作成

タッチパネルで操作

画面作成ツール

プログラマブル表示器

ネットワークで接続し、デバイスメモリを読み書きする

PLC　　PLC　　PLC

2-2 制御システムの構成（ハードウェア）

▶▶ フィールド機器

フィールド機器は、制御システムで用いられる**センサ**（温度センサ、流量センサ、圧力センサなど）、**バルブ**（制御弁、電磁弁など）、**サーボモータ**、**動力シリンダー**などの機器の総称です。

従来は、制御システムと電気配線でそれぞれ接続されていましたが、現在では省配線のために制御システムと各フィールド機器をネットワークで接続する構成が普及しています。このネットワークを**フィールドネットワーク**と呼びます。

フィールドネットワークにはいくつかの規格が存在し、多種多様なフィールド機器を接続できるように、その仕様が公開されています。

●オープン化の影響

フィールド機器そのものは、メーカー独自の製品です。ただし、フィールドネットワークについては、いくつかオープン化の流れが存在します。企業内の情報システムで用いられるEthernet＊（イーサネット）の規格をベースにしたフィールドネットワークも存在することから、今後はセキュリティリスクが顕在化する可能性があります。

●IoTの加速

前述したIoTの進展により、将来的にはフィールド機器そのものがインターネットを経由して外部接続することも、そう遠くない未来かもしれません。

例えば、フィールド機器の稼働状況などのデータをリアルタイムでメーカーへ送り、クラウド上でビッグデータを解析することで、部品交換などのメンテナンスを適切なタイミングで実施できるようにすることです。

IoTによるイノベーションは、今後、急速に拡大する可能性を秘めています。気がついたら膨大な数の機器がネットワークに接続され、とても管理できない状況に陥ることも十分に考えられます。

こうなるとセキュリティ対策は、もはや制御システムを運用する上での必須条件へと変わっていきます。

＊Ethernet　世界で最も使われているLAN規格。

2-2 制御システムの構成(ハードウェア)

フィールドネットワークのイメージ

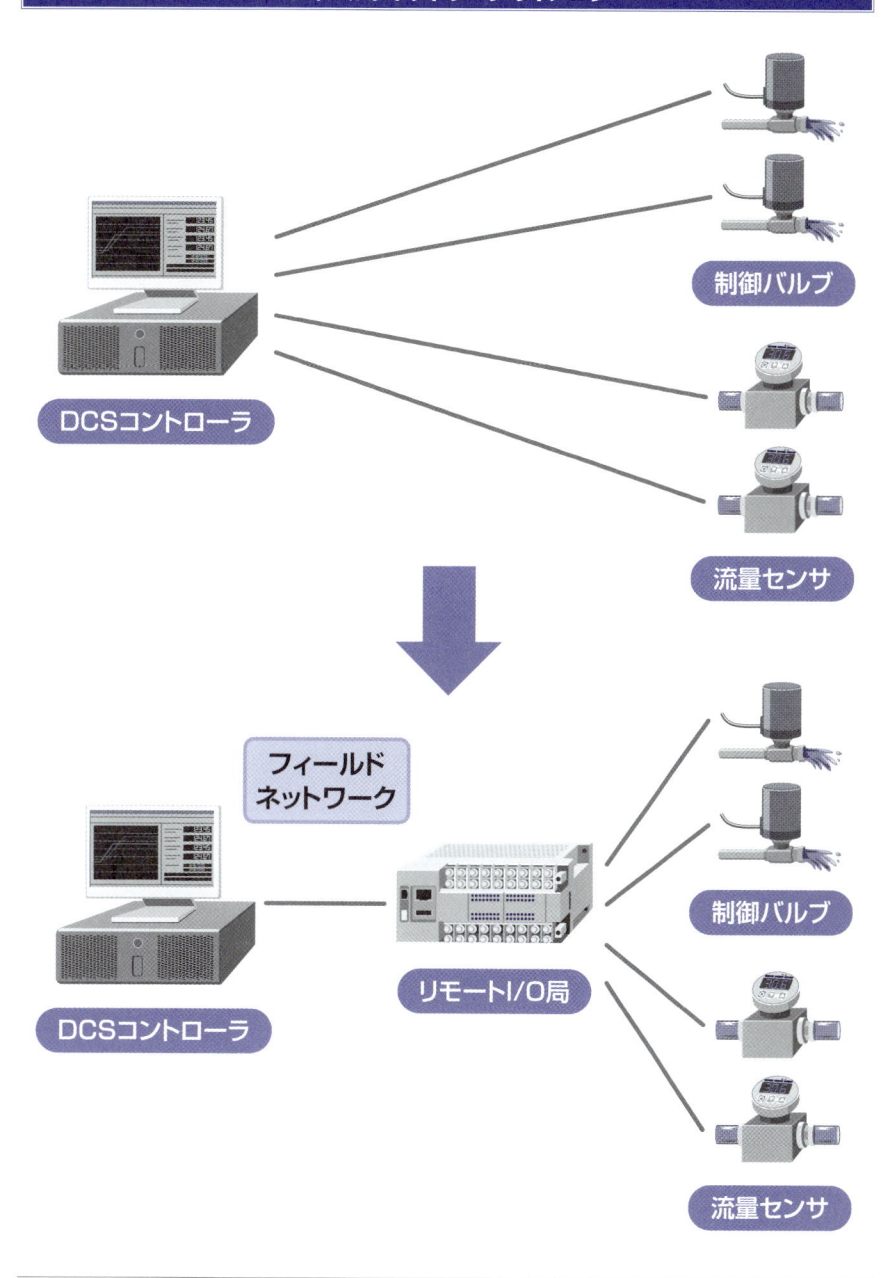

制御バルブ

DCSコントローラ

流量センサ

↓

フィールドネットワーク

DCSコントローラ

リモートI/O局

制御バルブ

流量センサ

2-3 制御システムの構成（ソフトウェア）

制御システムに用いられるソフトウェア構成の特徴を説明します。

▶▶ ラダー言語

　ラダー言語＊は、PLCでシーケンス制御のロジックを「ソフトウェア」としてプログラミングするための言語です。シーケンス制御は、もともと電気回路でロジックが組み込まれたことから、ラダー言語は電気の回路図をイメージした構造となっています。

　ラダー言語は、これまでPLCを製造するメーカーごとに独自の仕様で発展してきました。現在では、論理演算の領域だけでなく、高度な数値演算などが行える応用命令が充実しています。中には企業内の情報システムで用いられるC言語などのプログラム言語が使えるオプションユニットを持つものもあり、PLCで対応できる領域が非常に広がっています。

　しかしながら、複数メーカーのPLCを取り扱う場合、それぞれのPLCごとにプログラム言語や、開発ツールの使い方をマスターする必要があります。よって、プログラムを開発・保守する技術者の負担がますます増える傾向にあります。

●開発ツールはWindowsアプリケーション

　ラダー言語でプログラムを開発するツールは、WindowsアプリケーションとしてPLCメーカーから提供されています。開発ツールをインストールしたパソコンを使ってプログラムを作成し、そのプログラムをPLCへアップロードします。

　現在ではPLCとパソコンをUSBケーブルやネットワーク（TCP/IPなど）で接続し、PLCに格納されるプログラムの入れ替えだけでなく、実行状態のモニタリングや実行中のプログラム更新（RUN中書き込み）、デバイスメモリの書き換えなど、あらゆるメンテナンス操作が行えるようになっています。

＊**ラダー言語**　ラダー（ladder）は「はしご」という意味。

2-3 制御システムの構成（ソフトウェア）

●オープン化の影響

　PLCは、現在においてもメーカー固有の独自仕様です。したがって、PLCそのものがマルウェアに感染するなどのリスクはさほど高くありません。ただし、開発ツールを入れたパソコンが感染し、そこからネットワークのトラフィックを高めるDoS攻撃＊などを受ける可能性は十分考えられます。また、PLCopen（ピーエルシーオープン）といったPLCプログラミングの国際標準化の動きもあり、今後の動向が注目されます。

ラダー言語によるプログラム

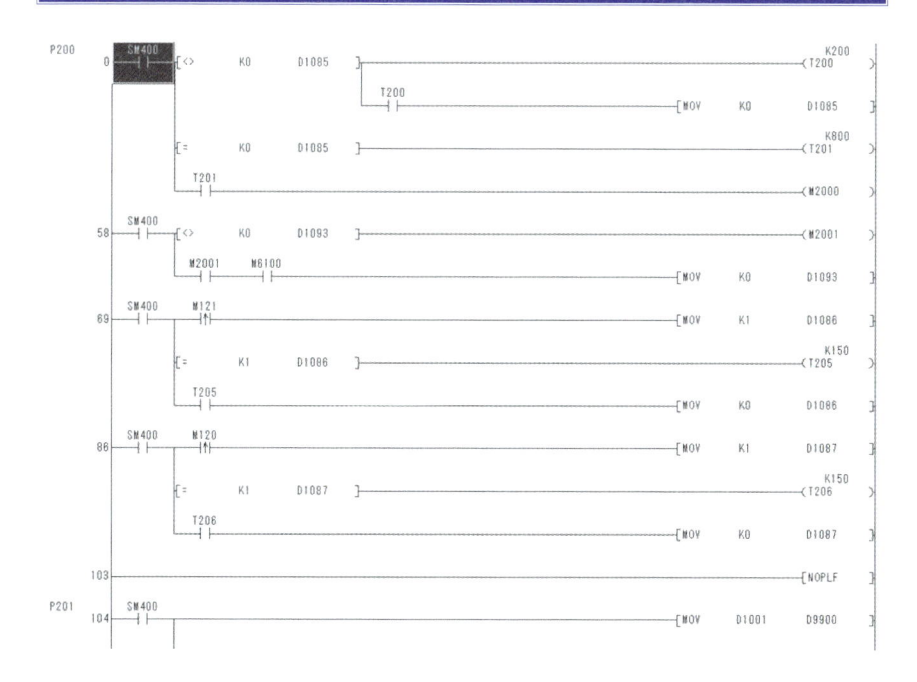

＊ DoS攻撃　　Denial of Service attackの略。サーバーやネットワーク機器などに対して大量のアクセスを行い、過負荷による処理の中断や誤動作を起こさせる攻撃のこと。

2-3 制御システムの構成（ソフトウェア）

▶▶ リアルタイムオペレーションシステム

　リアルタイムオペレーションシステムは、リアルタイム処理＊のためのOSです。高いレスポンス性能が求められる機器の組み込みシステム向けであり、制御システムに広く用いられています。

　一般的な企業内の情報システムで用いられる汎用OSに、リアルタイム処理の機能を付加した製品も存在します。

　汎用OSでは、複数の処理を同時並行する際には、一定時間ごとに処理を切り替える手法（タイムシェアリング方式、ラウンドロビン方式など）で実行します。これに対してリアルタイムOSでは、あらかじめ処理ごとに**優先度**を設定し、処理をスケジューリングしながら切り替えて実行します。

　代表的な製品には、以下のものがあります。

●VxWorks（ブイエックスワークス）

　米Wind River Systems社が開発・販売する組み込みシステム向けのリアルタイムOSです。1987年にリリースされ、高い安全性が要求される航空や宇宙、防衛の分野で広く使われています。

●Windows Embedded（ウィンドウズ エンベデッド）

　マイクロソフト社が開発した組み込み機器向けのマルチタスク・マルチスレッドOSです。当初は「WindowsCE」と呼ばれ、Handheld PCやPocket PCなどのPDA＊で普及しました。

●TRON（トロン）

　東京大学の坂村健教授を中心する産学協同プロジェクトで開発されたリアルタイムOSです。オープンアーキテクチャによりすべての技術情報が公開され、さまざまな分野の組み込みシステムで幅広く利用されています。

＊リアルタイム処理　　応答時間が保護された処理。
＊PDA　　　　　　　　Personal Digital Assistantの略。個人用の携帯情報端末。

2-3 制御システムの構成（ソフトウェア）

リアルタイムオペレーションシステム

汎用OS（ラウンドロビン方式）

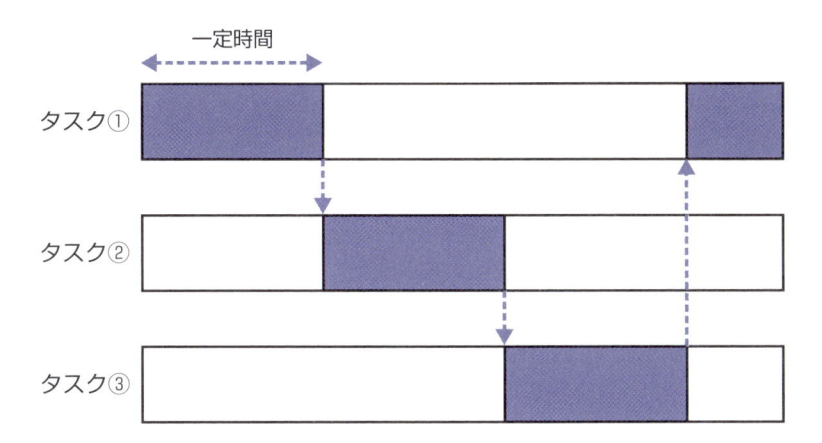

一定時間

タスク①
タスク②
タスク③

リアルタイムOS

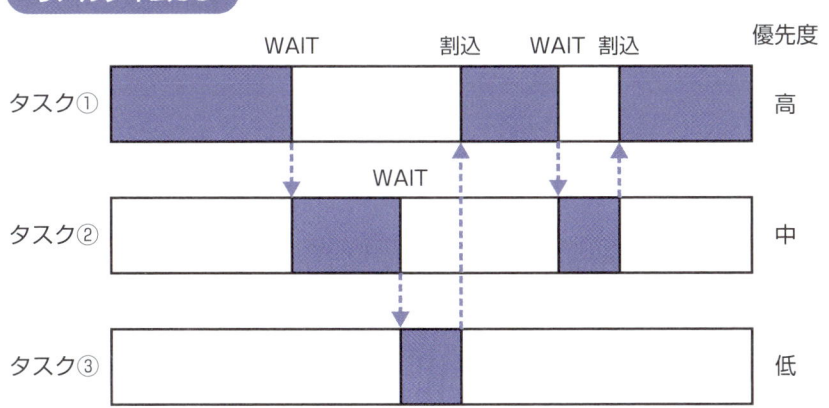

　　　　　　　WAIT　　　　割込　WAIT 割込　　優先度
タスク①　　　　　　　　　　　　　　　　　　　高
　　　　　　　　　　　WAIT
タスク②　　　　　　　　　　　　　　　　　　　中
タスク③　　　　　　　　　　　　　　　　　　　低

2-3 制御システムの構成（ソフトウェア）

▶▶ Windowsプラットフォームの台頭

　1995年にマイクロソフトから発売されたパソコン用OSである**Windows 95**は、販売店の店頭に長者の列ができるなど、世の中に一大旋風を巻き起こしました。それによって企業や家庭へのパソコンの普及が一気に加速化します。

　この時代の波は、制御システムにも及びました。これは加熱した一過性のブームではなく、Windowsプラットホームでは以下のようなOSとしての機能が向上したからです。

①ネットワーク機能（TCP/IPを標準装備）
②マルチタスク処理（複数のプログラムを同時実行）
③GUIによるユーザーインターフェイス（マルチウィンドウ環境）
④マルチメディア機能（画像、音声、動画を標準で取り扱い可能）

　これにより、Windows 95は、SCADAを中心に生産工程の状態を監視する画面機能で使われ始めました。高い応答性能が求められるクリティカルな制御機能は、従来どおりPLCやDCSのコントローラで処理され、操作画面はネットワーク接続した汎用パソコンで行われます。生産ラインの工程をイメージ図にしたグラフィカルな監視画面などのアプリケーションが比較的容易に開発ができ、安価なパソコンの活用でコストダウンにつながりました。

　現在でもユーザーインターフェイスを伴う機能では、やはりWindowsベースで開発されたアプリケーションが主流です。また画面のプログラム開発では、Webブラウザの活用も進みました。ハードウェアについては、タブレット端末などを無線LAN環境で使うケースも増えています。

　また近年では、**ソフトウェアPLC**と呼ばれる製品も出始めています。これまでのシーケンス制御を専用とするコンピュータ機器ではなく、汎用パソコンを用いたWindowsプラットフォーム上で、シーケンス制御を実行するものです。Windowsにリアルタイム機能を付加したり、WindowsとリアルタイムOSを共存させることにより、高い処理性能を実現しています。

2-3 制御システムの構成（ソフトウェア）

Windowsプラットフォームによる制御システム

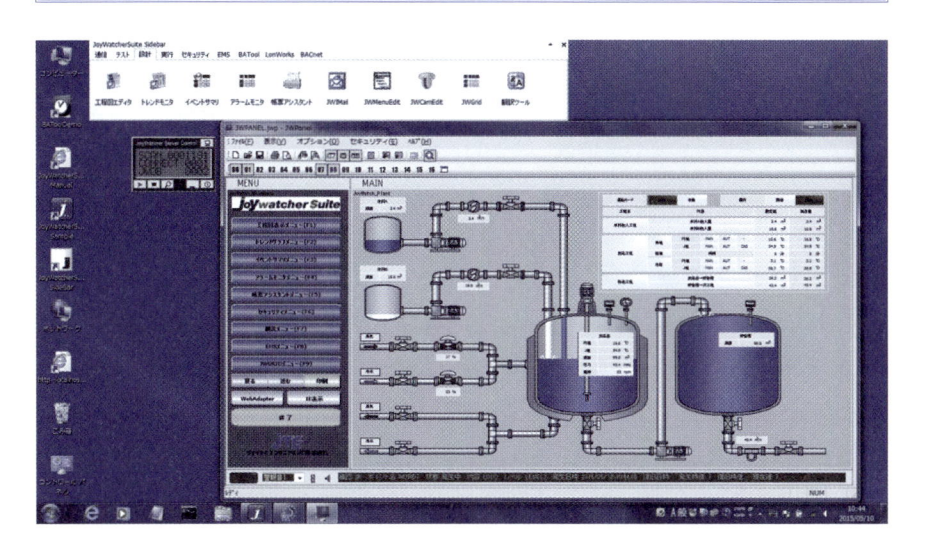

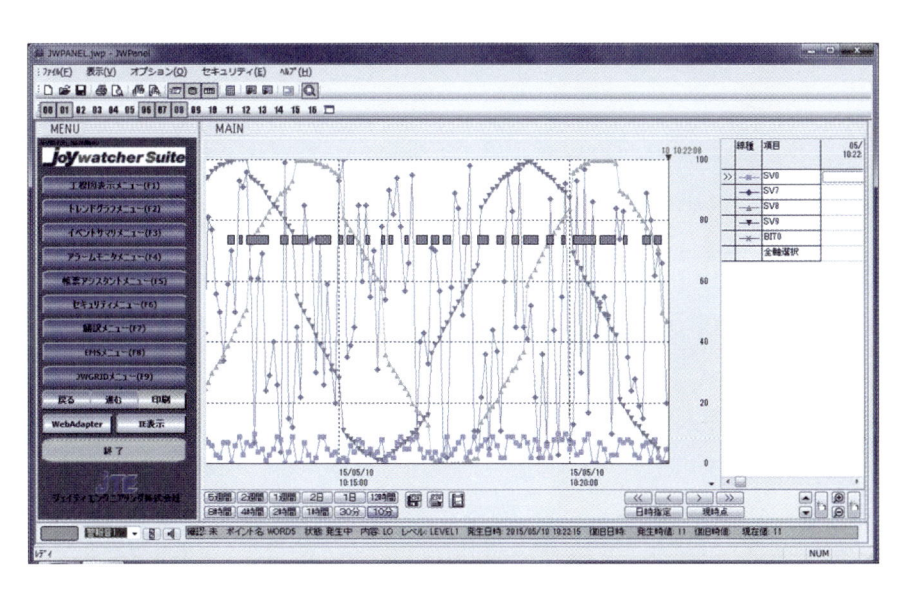

第2章 制御システムの基礎知識

57

2-4 制御システムの構成（ネットワークレイヤー）

制御システムに用いられるネットワークレイヤーの特徴を説明します。制御システムのネットワークは、大きく３つのセグメントに分かれます。

▶▶ 制御情報ネットワーク

制御情報ネットワークは、SCADAやDCSなどの操作端末と、**ヒストリアン**と呼ばれる制御システムで収集された時系列データを保存するデータベースサーバーなどを接続するネットワークです。また、上位の基幹ネットワークや下位の制御ネットワークと、ファイアウォールなどを介して接続されます。

ネットワークの形態は、一般的な企業内のネットワークと同様にEthernetによるLANで構成されます。ネットワークの可用性の要求に応じて二重化構成＊が取られます。無線LANが使われる場合は、このセグメント＊にアクセスポイントが設置されます。また、外部ベンダーからのリモート保守サービスを受ける場合、このセグメントにファイアウォールを設けて接続することが多いです。

使用されるプロトコルは、このセグメントでは、TCP/IPがベースで使われます。上位ネットワークとは、Windowsのファイル共有プロトコルであるSMB＊や、ファイル転送プロトコルのFTP＊、データベース通信（ODBC、Oracle等）などのアクセスが発生します。下位ネットワークとは、レスポンス性を高めるために、コネクションレス型のUDP/IPが使われることもあります。

また、制御情報ネットワークのセキュリティリスクは総体的に高くなる傾向があります。このセグメントでは、上位・下位ネットワークとの接続があり、無線LANやリモートネットワークからの接続など、外部からの不正アクセスが考えられるからです。さらにSCADAなど、WindowsをOSとするパソコンが多く接続されるセグメントでもあるため、脆弱性を狙ったサイバー攻撃への対策が求められます。

＊**二重化構成** 同じ構成のシステムを二系統用意し、一系統に障害が発生しても、もう一系統が稼働し続けることで、耐障害性を高めること。
＊**セグメント** 大規模な通信ネットワークを構成する個々のネットワークのこと。
＊**SMB** Server Message Blockの略。ネットワークでファイルの転送を行うための通信プロトコルの１つ。
＊**FTP** File Transfer Protocolの略。ネットワークでファイルの転送を行うための通信プロトコルの１つ。

2-4 制御システムの構成（ネットワークレイヤー）

制御システムのネットワークレイヤー

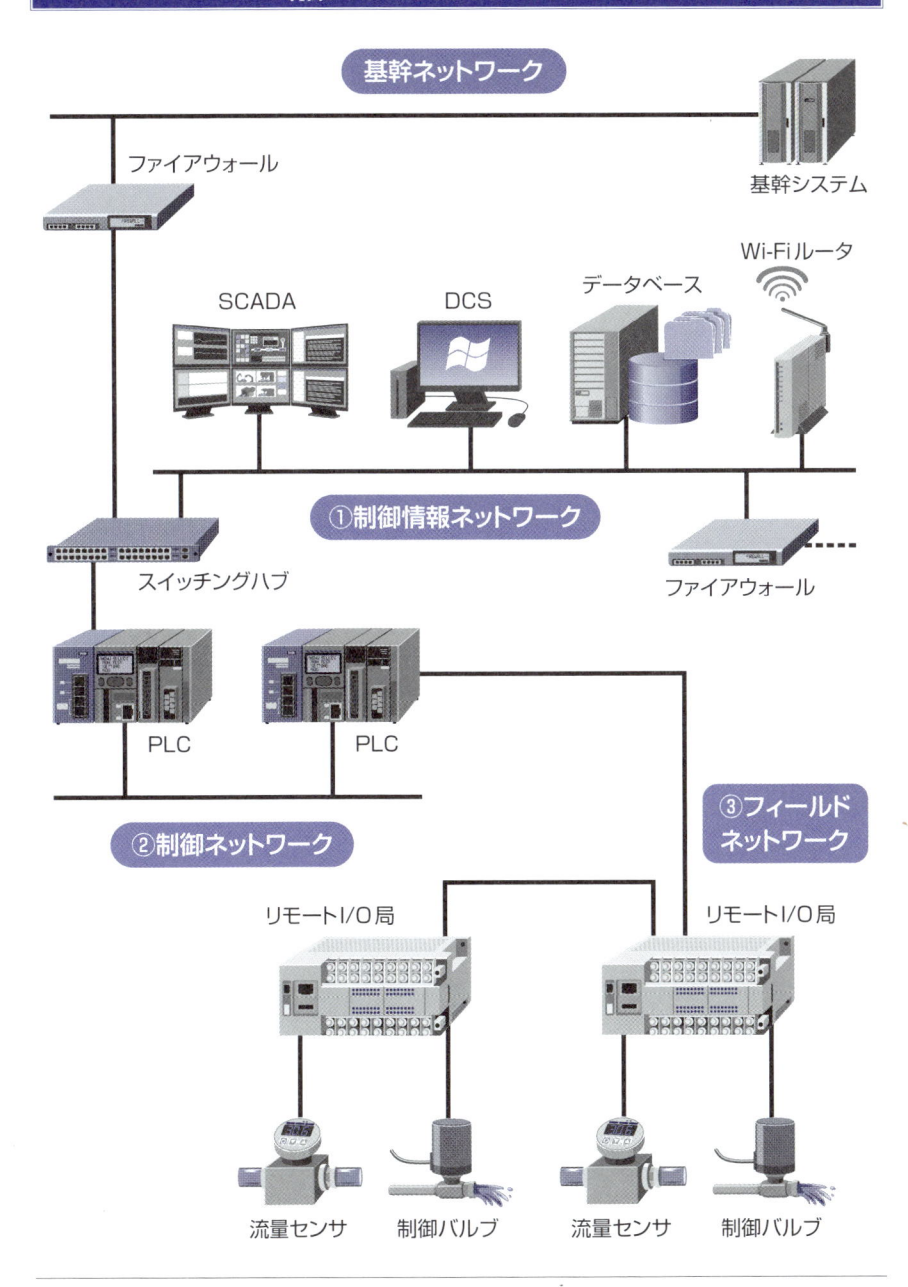

基幹ネットワーク

ファイアウォール

基幹システム

Wi-Fiルータ

SCADA　　DCS　　データベース

①制御情報ネットワーク

スイッチングハブ

ファイアウォール

PLC　　PLC

②制御ネットワーク

③フィールドネットワーク

リモートI/O局　　リモートI/O局

流量センサ　制御バルブ　流量センサ　制御バルブ

第2章 制御システムの基礎知識

59

2-4 制御システムの構成（ネットワークレイヤー）

▶▶ 制御ネットワーク

制御ネットワークは、主にPLC同士を高速に接続するネットワークです。

ネットワークの形態を見ると、従来はメーカーが提供する同軸ケーブルや、光ケーブル、ネットワーク機器を用い、PLCメーカー独自の仕様でネットワークが構成されました。現在は、企業内のネットワークで用いられるEthernetをベースにした産業用Ethernet機器で構成されることが多く、仕様のオープン化やコストダウンを実現しています。プロトコルについては、Ethernetの物理層／データリンク層の上に、それぞれの仕様で実装が行われています。

また、PLCへ各種のネットワーク仕様に対応したインターフェイスユニットを取り付けることで、異機種のネットワーク間でシームレスな接続ができるようになっています。

代表的なオープンネットワークには、以下のものがあります。

● FL-net（エフエルネット）

一般社団法人 日本電機工業会（JEMA）が推進する、異機種のPLCを相互接続するためのオープンPLCネットワークです。Ethernetをベースにしているため、市販のスイッチングHUBやUTPケーブルを使って接続ができます。また、TCP/IPプロトコルと混在した通信も可能です。

● CC-Link IE（シーシーリンクアイイー）

日本を拠点にアジアをはじめとする世界の8地域に活動を広げている、CC-Link協会が推奨するEthernetをベースとした統合オープンネットワークです。現在では、国際標準規格であるIEC61158とIEC61784を取得しています。

● EtherNet/IP（イーサネットアイピー）

米国に本部を置くODVA＊で仕様が管理され、IEC61158として国際標準規格となっているオープンでグローバルな産業用のEthernetです。Ethernetの物理層／データリンク層だけでなく、その上位のネットワーク層／トランスポート層であるTCP/IPやUDP/IPなどの標準プロトコルを使用しています。

＊ **ODVA** Open DeviceNet Vendor Association,Incの略。世界の主要な産業用オートメーション企業で構成される国際的な非営利団体。

2-4 制御システムの構成（ネットワークレイヤー）

CC-Link IE Controlによる制御ネットワーク例

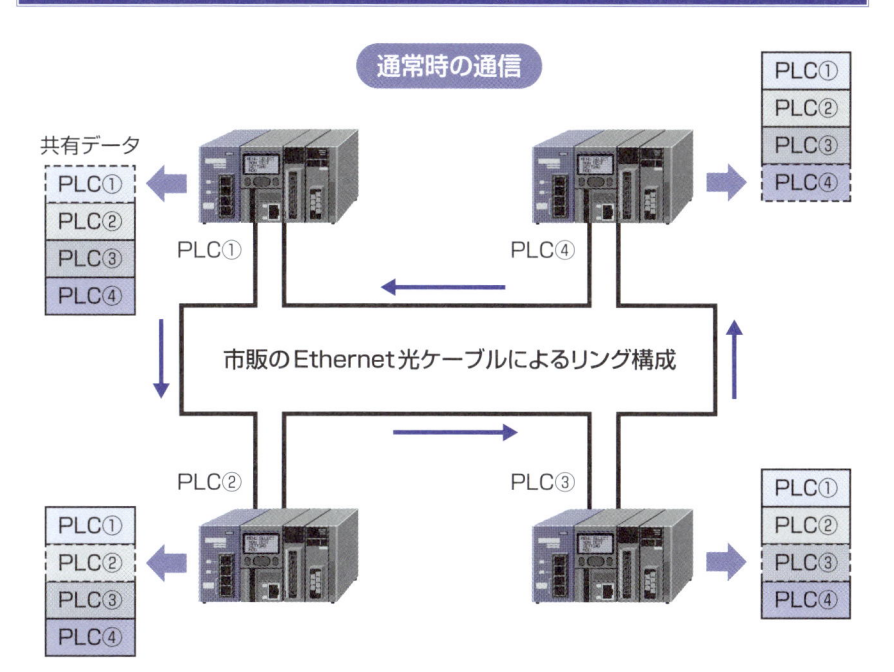

通常時の通信

共有データ

PLC①
PLC②
PLC③
PLC④

PLC①

PLC④

市販のEthernet光ケーブルによるリング構成

PLC②

PLC③

PLC①
PLC②
PLC③
PLC④

PLC①
PLC②
PLC③
PLC④

PLC①
PLC②
PLC③
PLC④

障害時のループバック通信

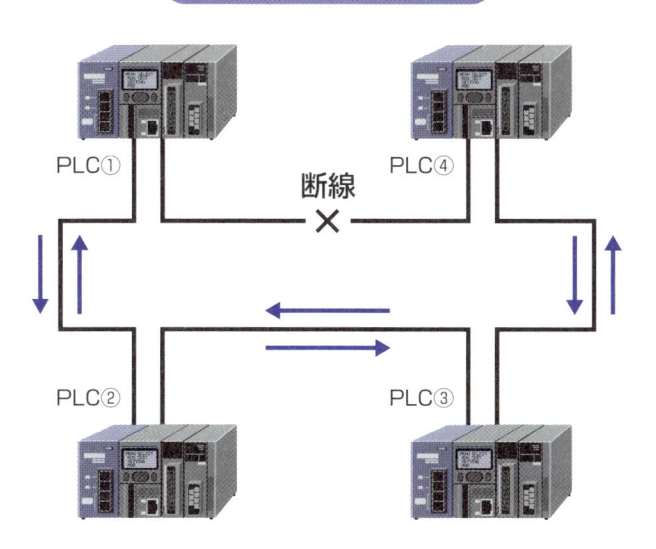

PLC①   PLC④

断線
×

PLC②   PLC③

第2章 制御システムの基礎知識

2-4　制御システムの構成（ネットワークレイヤー）

▶▶ フィールドネットワーク

　フィールドネットワークとは、主にPLCやDCSコントローラなど、各種のフィールド機器を接続する高速ネットワークです。制御ネットワークと同様に、Ethernetをベースにしたいくつかのオープン仕様が存在します。

　なお、制御ネットワークとフィールドネットワークで明確な棲み分けがないため、制御ネットワークの技術をフィールドネットワークで利用することもありますし、またその逆もあり得ます。

　ネットワークの形態は、古くはフィールド機器などを電気配線で結んだI/Oスレーブを RS-232CやRS-485などのシリアルケーブルでPLCと接続し、ネットワークが構築されていました。

　現在では以下のような方法で、Ethernetが活用されています。

> ① Ethernetを使用し、汎用のプロトコルだけで処理を実現する。
> ② Ethernetをベースに専用のASIC＊（エーシック）を付加し、独自のプロトコルで処理を実現する。

　代表的なオープン仕様のフィールドネットワークには、以下のものがあります。

● EtherCAT（イーサキャット）

　ドイツに本部を置くETG＊で仕様が管理されるオープン仕様のリアルタイムイーサネットです。オンザフライ＊で直接I/Oを処理する技術を使い、高速なリアルタイム性を実現しています。

● Modbus/TCP（モドバスティシーピー）

　Modbusは、米Modicon社がもともと同社のPLC向けに策定したシリアル通信プロトコルです。プロトコルの仕様が非常にシンプルで公開されているため、現在ではFAやPAの分野で広く使われています。これをTCP/IPのプロトコル上に実装したのがModbus/TCPです。

＊ASIC　　　Application Specific Integrated Circuitの略。特定用途向け集積回路。
＊ETG　　　EtherCAT Technology Groupの略。
＊オンザフライ　ネットワークの接続中という意味。

2-4 制御システムの構成（ネットワークレイヤー）

●MECHATROLINK-Ⅲ（メカトロリンクスリー）

　MECHATROLINK協会でオープン化しているモーション制御＊用フィールドネットワークです。Ethernetに専用ASICを用いて、信頼性の高い高速モーションネットワークで使われることを主眼にしています。

EtherCATによるフィールドネットワーク例

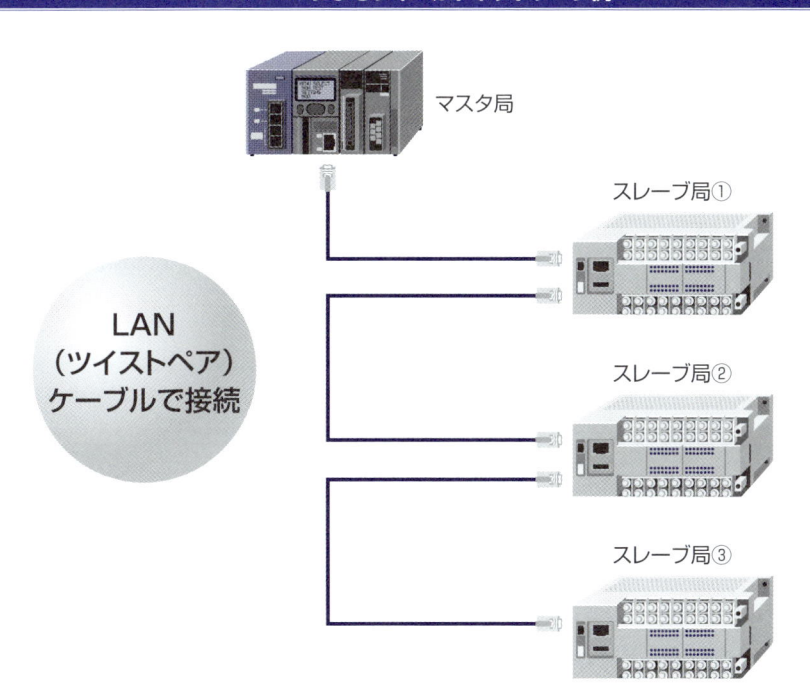

- マスタ局
- スレーブ局①
- スレーブ局②
- スレーブ局③

LAN（ツイストペア）ケーブルで接続

＊**モーション制御**　ソフトウェアによりモーターを駆動し、位置移動や回転の制御を行うこと。

2-5 制御システムの特徴

制御システムは、身近な企業内の情報システムと異なる特徴があり、セキュリティ面での管理が難しくなる傾向にあります。制御システムの特徴をよく理解した上で、効果的なセキュリティ対策を進めることが重要です。

▶▶ 長いライフサイクル（開発・導入・運用・廃棄）

企業内の**情報システム**では、人の業務を支援するシステムが構築され、導入・運用が行われます。

一方、**制御システム**は、機械や設備などをコントロールするためのシステムであり、その制御対象と一緒に構築・導入・運用が行われます。よって、機械設備と一体になってライフサイクルが管理されることが多く、それに合わせてシステムの運用期間が長くなる傾向にあります。

運用期間で見ると、企業内の情報システムでは一般的に3年～5年でハードウェアや基本ソフトウェアなどを更新することが多くなっています。

制御システムの場合は、制御対象となる機械設備などの耐用年数が長いことから、10年以上に渡って使い続けることも少なくありません。いまだにWindows 2000やXPなどのOSを使った古いシステムが数多く稼働し続けているのは、このためです。

現在の制御システムはオープン化が進み、企業内の情報システムと同様の汎用的なハードウェアが用いられるため、機械設備と比べてメーカーの保証期間が非常に短くなっています。万が一、部品が故障した際に修理ができないなど、数多くのリスクを抱えています。それゆえ、パソコンのちょっとした故障が、モノづくりの命取りにつながることもあり得るのです。

例えば、パソコンのメモリやハードディスクなどの構成部品は、メーカーの製造終了後に5年程度で補修用部品がなくなることがあげられます。

ある意味「機械設備のおまけ」のような扱いから、「システム」として独立したライフサイクルの管理をしっかりと検討する必要があります。

2-5 制御システムの特徴

日本国内における制御システムと情報システムの相違点

制御システム		情報システム
施設・製造・運用技術部門	管理部門	情報システム部
10年～20年以上	ライフサイクル（システムサポート期間）	3～5年
稼働優先のため、リプレースなどのタイミングで実施。レガシーOSを利用	パッチ適用	頻繁・定期的配信システムによる自動適用
システム/機器制御にはリアルタイムなデータ受取処理が不可欠	システム上を流れるデータの処理速度	データ受取遅延が致命的な被害となるケースは少ない
24時間365日の安定稼働が不可欠（機密性より優先）	可用性（Availability）	再起動は許容範囲
SafetyにSecurityを含む。サイバー攻撃などへの配慮は不足（インターネット接続しなければ安全の考え方）	セキュリティに関する意識	民間企業、公的機関とも意識が行き渡り、対策されている
汎用的な部分は、標準化が進んでいるが、業界毎に独自標準も存在	プロトコル/セキュリティに関する標準化	標準が確立されている
人命損失の可能性	被害の結果	金銭損失、プライバシー被害

[出典]『重要インフラの制御システムセキュリティとITサービス継続に関する調査, 2009年3月』（IPA）をベースに、（株）日立システムズにて制御システム分野にヒアリングした結果から資料を作成

第2章 制御システムの基礎知識

2-5 制御システムの特徴

▶▶ 機械設備をコントロールするマネージャ

　制御システムは、機械設備を決められた順番どおりに動かしたり、生産のプロセスを設定どおりに調節したりするなど、モノの生産過程全体を統制するマネージャ的な立場にあるといえます。それぞれの機械設備がバラバラに動いていては、適切にモノをつくることはできません。仕様どおりのモノをつくるために、個々の機械設備を一致団結させるのが制御システムの大きな役割です。

　制御システムは、生産現場を**自動化**し、人に替わってモノづくりの省力化、効率化を図ります。人がそれぞれの機械設備を操作している状況では、つくるモノの種類が増えるたびに操作条件を変更するなど、それに伴う作業工数が増えます。制御システムがあれば、それら設定変更や動作指示を短時間で正確に実施できるのです。

　また制御システムは、生産現場の**安全性の向上**にも寄与します。生産現場においては、温湿度の高低や粉塵・騒音の発生など、悪条件での作業を伴う場合があります。制御システムが人に替わって現場をコントロールすることで、危険な場所での人の作業をなくし、安全性を高めることができます。

　さらに、人が作業してモノをつくる場合、どうしても操作のバラツキや間違いなどが生じてしまいます。制御システムで作業を自動化することで、それらの人による変動要因をなくし、**高品質**のモノづくりにつながります。

　高度成長期は、同じ種類の製品を一度に多く生産してコストダウンを図る**少品種多量生産**が主流でした。しかし、そのような時代はすで過ぎ去りました。多様化が進んだ現在では、異なる製品を少しずつ切り替えながら生産して柔軟性を高める**多品種少量生産**が中心です。これを実現するのも制御システムに求められる重要な役割の1つなのです。

　生産現場では、これからさらにIT化が進展していきます。ネットワークで接続される機器が増大し、機器同士のコミュニケーションがより複雑化します。生産現場をスムーズに動かすために、制御システムが全体を統制する役割が一層重要になるはずです。

▶▶ 制御システムの停止による影響が大きい

　モノづくりがグローバル化した現在、日本の製造業の現場では東南アジア諸国とのコスト競争が激化し、生産現場の海外移転などが進展しました。日本国内では競

制御システムの役割

- 品質 Quality
- 費用 Cost
- 納期 Delivery
- 安全 Safety
- 柔軟 Flexible

生産現場を統制すること

2-5 制御システムの特徴

争力を維持するために、さらなる自動化を進めています。また、企業同士が連携を強め、生産活動全体として最適化を図るSCMの構築が積極的に行われました。この結果、工場の制御システムは非常に高度化・複雑化し、もはや制御システムなしには生産活動が成り立たない状況となっています。

　もし、このような中、工場の生産現場において、万が一制御システムがトラブルで長時間止まるとどうなるでしょうか。システム停止は工場の生産に直結します。すでに高度に省力化されたムダのない工場では、納期の遅れを取り戻すための余裕などありません。また、1つの企業・工場の生産停止は、サプライチェーン全体へ連鎖するため、その影響は計り知れません。

システム停止による影響が大きい

STOP!

サプライチェーン全体への影響は計り知れない

BCPの策定を検討すべき

今後もますますグローバル競争が激化する中、企業はさらなる競争力を高めるため、生産現場の省力化をさらに進めるでしょう。また、Industry 4.0による産業革命やIoTによるイノベーションにより、生産現場のIT化が大幅に加速する可能性を秘めています。企業・工場は、より外部とネットワークを経由してつながりを深めるため、制御システム停止によるインパクトが膨大になる恐れがあります。

そのため、東日本大震災で教訓を得た日本の企業は、災害や事故の被害を受けても、重要な業務が中断しないこと、中断しても短い期間で再開することを目指し、BCP＊（事業継続計画）の策定を進めています。BCPの策定は、被害のリスクを低減するだけでなく、取引先からの信頼を高め、企業価値・ブランドの高めることにつながります。したがって、制御システムのセキュリティについても、これら事業継続の側面から積極的にリスク対策に取り組む必要があるのです。

▶▶ 自動化・省人化が進み、人手によるバックアップが難しい

自動化が進んだ生産現場では、人の手動による作業が極力省かれました。しかし、万が一のトラブルでシステムが動かなくなった場合、その代替を人手で行うのが困難になっています。モノづくりが高度化・複雑化したため、もはや人の判断や操作で機械を動かすのは不可能といえるレベルに達しているからです。

仮に人手によるバックアップができたとしても、大幅に作業効率が低下するだけでなく、適切な品質でモノづくりを行うのは難しいはずです。

そもそも無人化に近い状態で運用される工場では、人海戦術によるバックアップ体制が取れません。企業内の情報システムでは、遠隔地にバックアップサイトを準備し、トラブル時に切り替えを行う体制が取られるようになりました。しかしながら、生産現場の機械設備と密接に連携しながら動く制御システムでは、このような運用が難しいのも現実です。制御システムをまるごと、データセンターで仮想化することはできません。

そこで**マネジメントシステムの構築・運用**がポイントになります。まずは危機的な状況に陥った場合に、どのような判断をし、どのような対策を取るのか、といった組織の管理体制を整備することが重要です。一般的には**リスクマネジメント**といわれます。

制御システムを守るためのセキュリティの観点から後述する**CSMS**＊（サイバー

＊ **BCP**　　Business Continuity Planの略。
＊ **CSMS**　Cyber Security Management Systemの略。

2-5 制御システムの特徴

セキュリティマネジメントシステム）の構築・運用や、また全社的な事業継続の観点から**BCMS**＊（事業継続マネジメントシステム）の構築・運用といった組織活動の強化が求められます。CSMSでは、継続的にリスクを分析・評価し、そのレベルに応じた効果的な対策を講じることで、その有効性を高めることができます。

つまり、制御システムにどのような不具合が起こる可能性があり、それがどれだけの影響を及ぼし、それに対して事前に準備できること／できないこと、または事後的に行うことなどを検討し、継続的に見直しを行う組織活動が必要なのです。

事業継続のためのリスクマネジメント

↓

リスクマネジメント

| CSMSの
構築・運用 | BCMSの
構築・運用 |

＊ **BCMS** Business Continuity Management System の略。

2-5 制御システムの特徴

▶▶ プロセスに合わせた高いリアルタイム性が求められる

リアルタイム性とは、単に処理スピードが速いことを示すものではありません。ある入力に対して出力の内容だけではなく、入力から出力までに時間的な制約を求められる性質のことです。すごく応答が速い時もあるが、反対にめちゃくちゃ遅いことが時々あれば、リアルタイム性は低くなります。つまり、「この処理は1秒」と決めれば、安定して1秒で応答することが求められるのです。

リアルタイム性はPLC、DCS、SCADAで求められるレベルが異なります。

●PLCで求められるレベル

PLCを用いたシーケンス制御では、モノの微妙な位置を検出する光電センサや近接センサなどの信号を取り込み、機械へ運転／停止の指示を出します。正確な位置決めが必要な場合は、非常に短時間での応答が求められます。

通常、PLCは数十ミリ秒といった一定の実行周期（スキャンタイム）で動作します。よって、そのスキャンタイムでリアルタイム性が大きく左右されます。

●DCSで求められるレベル

DCSを用いたプロセス制御では、温度センサの測定値を取り込み、必要な操作量を演算して出力します。測定値の差分（変化率）を適切に求めるには、一定の処理時間が必要となります。一般的には、数百ミリ秒～1秒程度で制御ループの処理周期が決められることが多いです。

●SCADAで求められるレベル

SCADAは、PLCやDCSコントローラとネットワーク経由で各種のデータを送受信し、生産工程の状態をグラフィカルな画面で表示します。機械の運転・停止や、温度の測定値などの状態変化を、再描画（リフレッシュ）する必要があります。そのリフレッシュ周期は、一般的に数秒～数十秒といった範囲で決められます。

PLCやDCSコントローラのように直接制御対象をコントロールすることが少ないため、リアルタイム性の要求レベルはやや低くなります。

2-5 制御システムの特徴

リアルタイム性

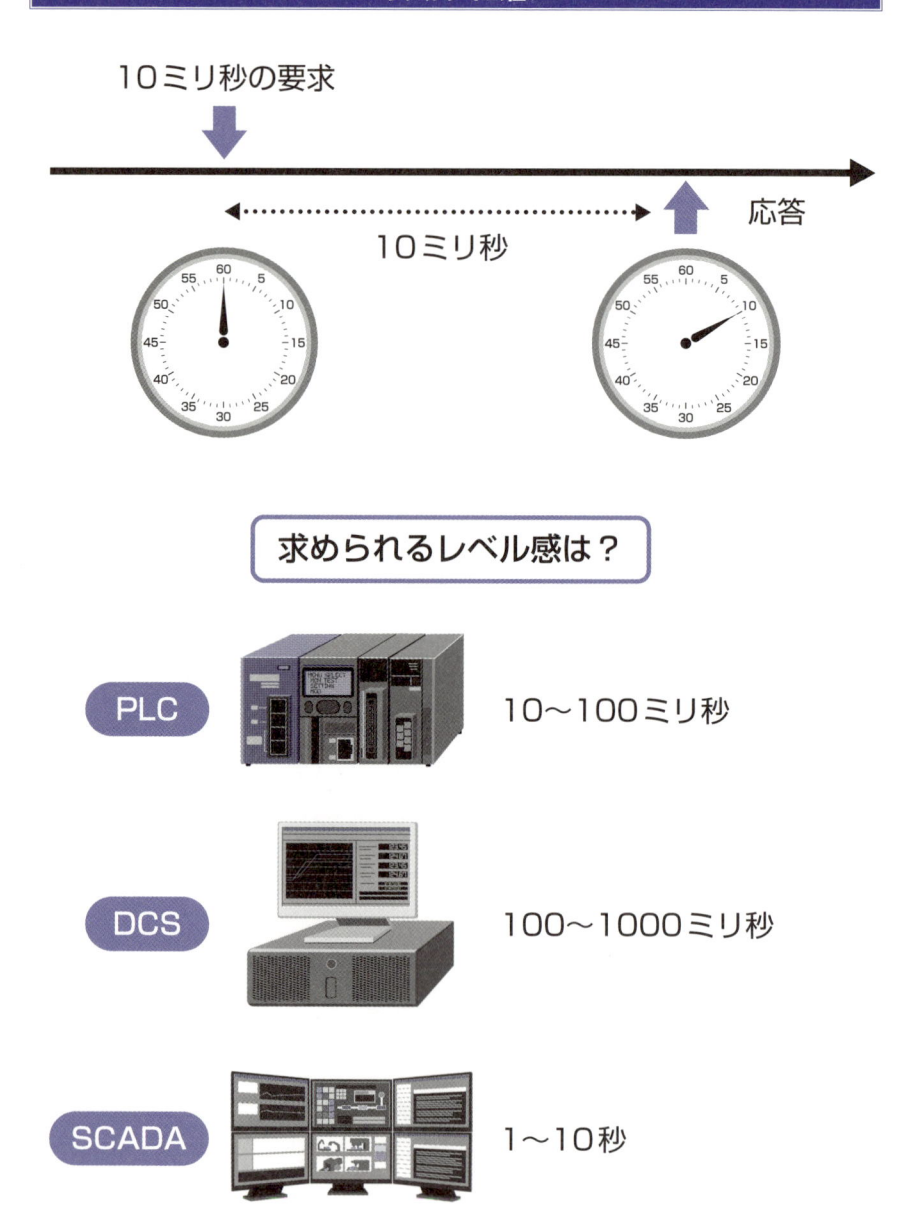

10ミリ秒の要求

10ミリ秒

応答

求められるレベル感は？

PLC　10〜100ミリ秒

DCS　100〜1000ミリ秒

SCADA　1〜10秒

▶▶ 24時間×365日の高可用性が求められる

　製造業といっても、その業種や生産する製品の特性に応じて**可用性***の要求は異なります。例えば化学プラントなどでは、生産工程の立ち上げ（ウォーミングアップ）に数十時間を要することがあります。そのため、一度、工程を止めると再立ち上げに長時間を要します。また連続した処理の途中で工程が一旦停止すると、適切な処理が継続できず、品質水準やコストに悪影響を及ぼすことが想定されます。この生産工程の中には、保守点検等で年間に数日しか止められない制御システムも含まれます。

　このように止められない制御システムでは、**冗長化***したシステム構成が基本となっており、二重化したシステム構成にするなど、トラブル発生時のリスクを低減する対策が取られます。例えば、別系統にバックアップシステムを稼働待機させ、障害時に短時間で動作を切り替えます。これらは、ハードウェア故障などのリスクに対して、非常に有効な対策となります。

　ただし、セキュリティ面での障害では、冗長化した対策が必ずしも有効に機能しないことも考えられます。例えばマルウェアに感染してサーバーが高負荷となり、正常に処理が継続できない**インシデント***の発生を考えます。もしオンライン状態ですぐに切り替えできる、別系統のバックアップサーバーが構成されていたとします。マルウェアは、すでにバックアップサーバーへも拡散している可能性が高く、正常に動作できないことが想定されるからです。マルウェアは駆除を行っても、ネットワーク経由でまたすぐに感染を繰り返すため、システム全体を完全に除染するには、非常に困難な作業を伴います。

　このようなノンストップの稼働システムでは、**ハニーポット***とも呼ばれる、わざと侵入しやすいよう設定された「おとり用」のサーバーを設けるセキュリティ対策製品が有効です。制御システムに侵入したマルウェアは、最初におとり用サーバーに感染して検出され、外部との通信を遮断することでマルウェアの感染拡大が防げます。

***可用性**　　　システムが継続して稼働できる能力のこと。
***冗長化**　　　障害が起こった場合に備えて、バックアップ用の機械や設備を配置し、運用しておくこと。
***インシデント**　事故や事件につながりかねない状況、異変、危機のこと。
***ハニーポット**　蜜の詰まった壺のこと。

column

制御盤とは

　制御盤とは、制御システムで用いる電気機器をまとめて備え付けた収納ボックスのことです。中身は大きく、動力回路と制御回路に分かれます。

　動力回路とは、機械のモーターなどへ電気を供給するための回路です。制御回路は、センサーなどの入力信号を取り込み、動力回路の電磁スイッチなどへON－OFF信号を出力する回路で、PLCが用いられます。また盤面には、制御システムを操作するためのHMIが取り付けられることもあります。

　制御盤は、それぞれの機械設備の近くに設置したり、工場区画内の壁側へまとめて設置したりします。もし工場現場に入ることがあれば、注目してみてください。

第3章

起こりうる脅威と被害

　オープン化が進展した現在の制御システムでは、身近なオフィスの情報システムと同様に、増大する脅威と脆弱性の危険に晒されています。本章では、一般的な情報システムと制御システムとの違いを比較しながら、そのセキュリティ対策の必要性を解説していきます。

　また実際に発生したインシデントの事例を紹介しながら、今後発生が想定されるインシデントとして、どのようなことが考えられるのか説明をします。

3-1 情報システムセキュリティと制御システムセキュリティ

企業内の情報システムと特性が異なる制御システムでは、セキュリティが盲点となって、重大なインシデントにつながる可能性が高くなっています。セキュリティ向上のためには、個々の技術的な対策だけでなく、システム全体を俯瞰してバランスのとれた対策を進めることが重要です。そのためには、まず組織体制（マネジメントシステム）の整備が必要です。

▶▶ 情報セキュリティの三要素

　情報セキュリティの三要素とは、**機密性**（Confidentiality）、**完全性**（Integrity）、**可用性**（Availability）の3つの性質を示します。英語の頭文字を取って、**情報のCIA**と呼ぶこともあります。

　一般的には、情報資産の重要度やリスク分析の影響度などは、この3つの側面で評価します。

●機密性

　一言でいうと「秘密にすること」です。権限を与えられた人だけがアクセスできる状態を確保することであり、それ以外の人に情報が漏れないようにすることです。例えば、個人情報に該当するデータや、営業秘密である得意先情報などは、機密性が高い情報資産だといえます。

●完全性

　一言でいうと「相違がないこと」です。情報の改ざんや消去、破壊などから保護することです。例えば、決算情報をホームページへ公開している企業で、その情報が不正に改ざんされたとします。本来の売上高や利益と異なるデータをホームページで見た利害関係者から誤った評価を受けることになります。このような情報は、完全性が高く求められます。

3-1　情報システムセキュリティと制御システムセキュリティ

●可用性

　一言でいうと「必要なときに使えること」です。必要時に中断することなく、情報資産にアクセスできる状態を確保することです。例えば、24時間×365日の稼働を求められるシステムでは、非常に高い可用性が必要です。

情報セキュリティの三要素

1　機密性（C）　秘密にすること　**C**onfidentiality

2　完全性（I）　相違がないこと　**I**ntegrity

3　可用性（A）　必要なときに使えること　**A**vailability

「情報のCIA」と呼ばれる

▶▶ 制御システムでは、AICとHSEを優先管理

情報のCIAである機密性・完全性・可用性ですが、一般的に企業内の情報システムでは、

> ①C（機密性）→②I（完全性）→③A（可用性）

の順で優先管理が行われます。

まず機密性が重視され、その後に完全性、可用性が続くわけです。例えば、情報資産の重要度を評価する場合は、機密性の点数を大きく見積もったりします。

一方、制御システムでは、秘密にすべき情報の取り扱いは一般的に少なく、なによりシステムが止まらないことを重要視します。よって、

> ①A（可用性）→②I（完全性）→③C（機密性）

の順で優先した管理が求められます。企業内の情報システムとは異なり、機密性と可用性の順番が入れ替わるのが特徴です。

また制御システムでは、企業内の情報システムとは異なる特徴がもう1つあります。AICに加えて、**健康**（Health）、**安全**（Safety）、**環境**（Environment）への影響です。こちらも英語の頭文字をとって**HSE**とも呼びます。

生産現場では、大型機械や産業用ロボットが稼働し、振動・騒音の発生、ばい煙・粉塵の排出などを伴う環境が存在します。例えば、制御システムのセキュリティインシデントにより、機械が誤った動作をして作業員に怪我を負わせたり、生産工程のバルブが不意に開いて有害ガスを排出したり、または浄化してない排水をそのまま場外へ流すケースが考えられます。

このように、セキュリティインシデントが人の安全衛生や環境などに悪影響を及ぼす可能性があるため、AICにHSEをプラスした視点でセキュリティ対策を検討する必要があるのです。

3-1 情報システムセキュリティと制御システムセキュリティ

制御システムでは AIC ＋ HSE

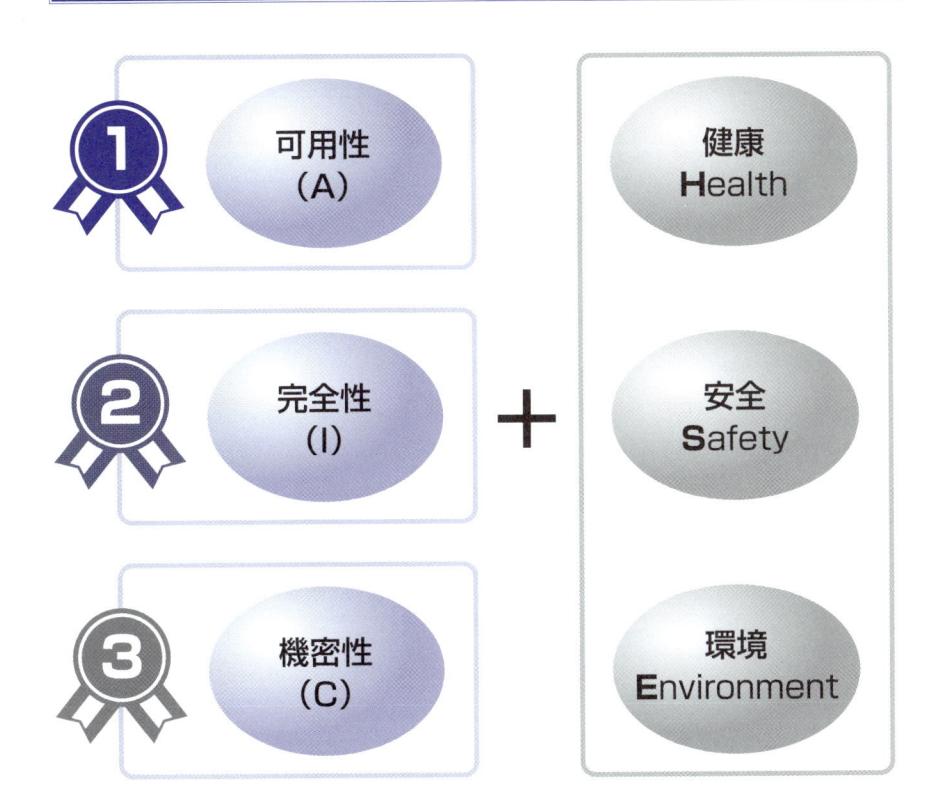

1. 可用性（A）
2. 完全性（I）
3. 機密性（C）

＋

- 健康 Health
- 安全 Safety
- 環境 Environment

第3章 起こりうる脅威と被害

制御システムでは、「AIC」と「HSE」を優先管理

3-1 情報システムセキュリティと制御システムセキュリティ

▶▶ 難しいセキュリティパッチの適用

　セキュリティパッチとは、ソフトウェアの不具合や脆弱性を修正するために、ソフトウェアを開発するベンダーから提供される更新プログラムのことです。これをインストールすることで、脆弱性を狙ったマルウェアの感染や、不正アクセスなどのサイバー攻撃を受けるリスクを低減することができます。

　さらに**セキュリティパッチ管理**は、このようなセキュリティパッチの適用を「する／しない」といった方針や、どのパッチを適用しているかの把握を、組織的に管理することです。

　セキュリティパッチは、脆弱性の報告を受けたベンダーが必要な更新プログラムを開発して提供しますが、新たな脆弱性は次々と発見されており、緊急の修正が求められることもあるため、インターネット接続によるオンラインでの提供が一般的です。また、更新プログラムをインストールした場合、それをシステムへ反映するために、OSの再起動が求められるケースがあります。

　ただし、このセキュリティパッチの適用に関しては、いくつかの課題があります。

●インターネットに接続できないと使えない

　そもそもインターネット接続を遮断している環境下では、オンラインによる更新プログラムの適用そのものができません。

●OSの再起動ができない

　24時間×365日の可用性が求められる制御システムでは、OSの再起動ができないため、更新プログラムをシステムへ反映することができません。

●システム性能への影響評価ができない

　更新プログラムをインストールすることで、今までよりシステムの動作が重くなり、応答性能が低下するといった問題の発生も想定されます。

　生産現場の機械設備などと密接して動作する制御システムでは、これらを事前に評価・検証することがそもそも困難です。

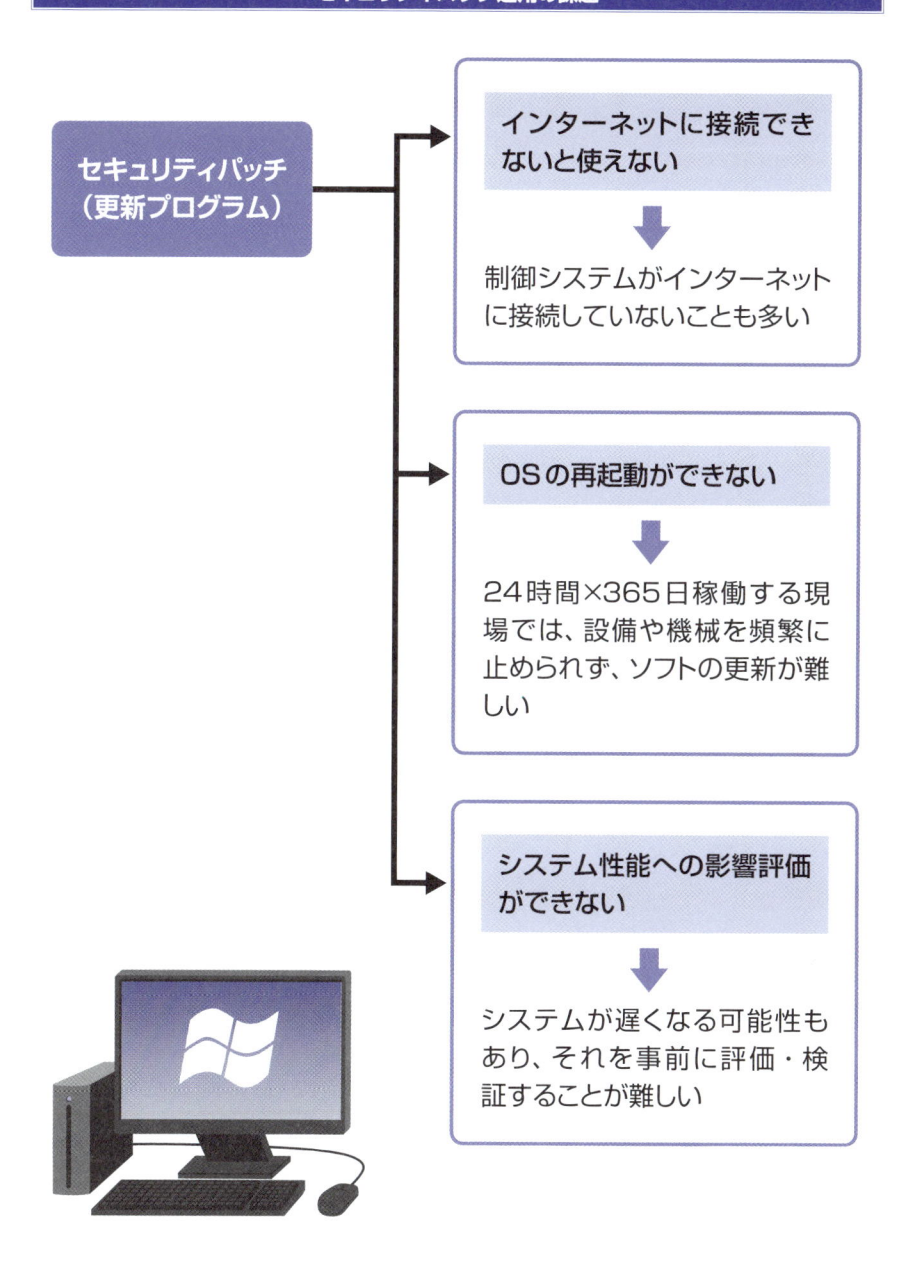

3-1 情報システムセキュリティと制御システムセキュリティ

セキュリティパッチ適用の課題

セキュリティパッチ（更新プログラム）

- インターネットに接続できないと使えない
  ↓
  制御システムがインターネットに接続していないことも多い

- OSの再起動ができない
  ↓
  24時間×365日稼働する現場では、設備や機械を頻繁に止められず、ソフトの更新が難しい

- システム性能への影響評価ができない
  ↓
  システムが遅くなる可能性もあり、それを事前に評価・検証することが難しい

第3章 起こりうる脅威と被害

3-1 情報システムセキュリティと制御システムセキュリティ

▶▶ 少ないインシデント報告とセキュリティパッチの特殊性

　JPCERTコーディネーションセンター（JPCERT/CC）は、特定の政府機関や企業から独立した中立の組織であり、日本国内におけるシステムのセキュリティインシデントに関して、報告の受け付け、対応の支援、発生状況の把握、手口の分析、再発防止のための支援など、技術的な立場でセキュリティ対策活動を行っている団体です。また、海外の関係機関とも国際的な連携を行っています。

　このJPCERTコーディネーションセンターには、制御システムに関するセキュリティインシデントの情報が集められます。この情報をもとに、関連するソフトウェア製品を開発するベンダーと水面下で調整を図っていきます。そして、ベンダーのセキュリティパッチ提供の準備が整った段階で、脆弱性関連情報として公表されるのです。

　ただし、すべての前提条件となるセキュリティインシデントの報告は、はたして国内でどのくらいあるのでしょうか。まず大きな課題は、ここにあると思います。

　企業内の情報システムと比べて、確かに取り扱われているソフトウェア製品の数が少ないことも要因の1つです。しかし、最も大きな要因としては、各企業で制御システムに対するセキュリティへの関与が非常に低く、報告の重要性を認識していないことだといわれています。

　もう1つの課題として、脆弱性情報に対するセキュリティパッチの提供が難しいという点があります。企業内の情報システムとは異なり、制御システムのソフトウェア製品は特殊な用途で使われることが多いのが現状です。固有のカスタマイズが行われることも少なくなく、すべての製品に適切に適用できる更新プログラムの開発ができないことが想定されます。また、ベンダーが該当製品を継続して開発・保守していない場合は、パッチを開発・提供できる体制そのものがないことも考えられます。

　いずれにせよ、インシデントの原因や対応方法などの情報を共有することで、被害を最小限に抑え、再発を防ぐことができるようになります。セキュリティインシデントは、ネットワークを経由して急速に拡大する可能性があるため、早期にインシデント情報を共有し、対策を促進することが重要になるのです。

3-1 情報システムセキュリティと制御システムセキュリティ

制御システムインシデントの報告

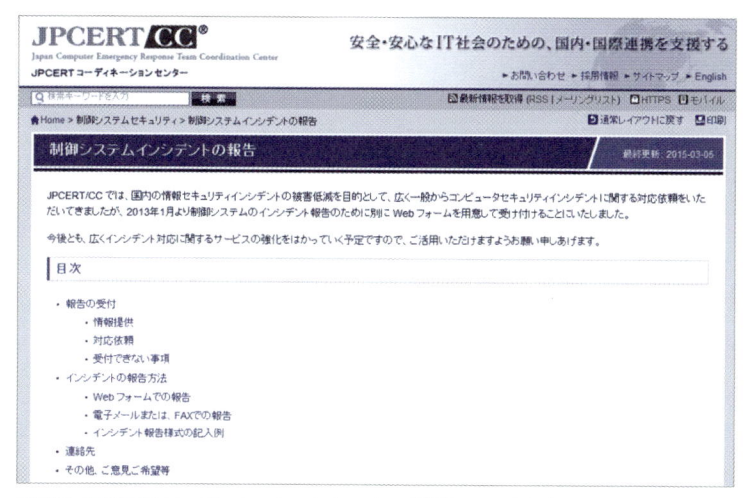

[出典] JPCERT コーディネーションセンター 制御システムセキュリティ
(http://www.jpcert.or.jp/ics/ics-form.html)

JPCERT/CC による脆弱性ハンドリング

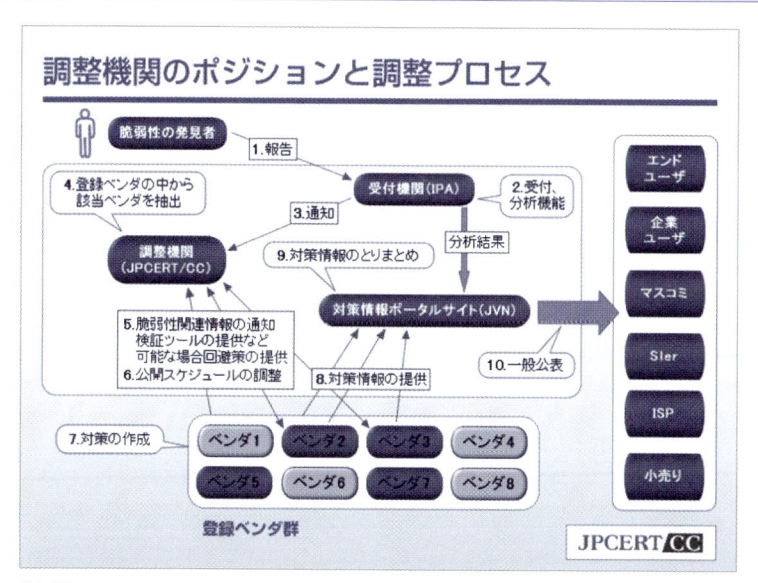

[出典] JPCERT コーディネーションセンター 脆弱性対策情報
(http://www.jpcert.or.jp/vh/index.html)

3-2 全社的なセキュリティ管理の必要性

セキュリティの強度は、鎖の強度で例えられます。鎖の強さは、一番弱いつなぎ目で決まります。いくら強いつなぎ目があっても、弱いつなぎ目があれば全体の強度は高まりません。セキュリティの強度を高めるには、全社的にバランスのとれた「全体最適」による管理が重要となります。

▶▶ 求められるトップダウンによるセキュリティ管理

生産現場の制御システムセキュリティに関して「管理責任者はどなたでしょうか？」という質問に対して、おそらく明確に答えられる企業は少ないと思います。はたしてどの部門が中心となって取り組みを推進するのでしょうか。生産技術部門、製造担当部門、設備管理部門、情報システム部門、それとも……。

これまで解説してきたように、制御システムのセキュリティ環境は大きく変化しています。もはや対岸の火事ではありません。企業内の情報システムと同じように、セキュリティ対策を進める必要があるのです。そのためには、まず基本として**5W3H**＊に基づいた取り組みが実施できるように、組織の体制づくりが重要になります。

生産現場では、モノづくりのための生産管理や品質管理、機械設備を運用・保守するための設備管理など、幅広いスキルやノウハウが求められます。ただし、関連技術となるIT技術や情報セキュリティの管理面で、一定のスキルを持つ要員を確保するのは、かなり難しいのが現実ではないでしょうか。

実際に企業内で制御システムセキュリティを推進する場合は、生産技術部門や設備管理部門などが中心となるケースが多いと思われます。生産現場では、小集団による改善活動などが活発なことから、ボトムアップを重視した取り組みが基本になるでしょう。ただし、そもそも専門的なスキルやノウハウが不足しがちであり、内部統制のようなガバナンスが求められるセキュリティ管理では、ボトムアップでは効果的なリスク対策につながらない可能性が高いのです。役割・責任を明確にし、**トップダウン**により方針を浸透させ、全体を統制する必要があります。

＊5W3H　正確に物事を伝える際に使われる確認事項のこと。When（いつ）、Where（どこで）、Who（誰が）、Why（なぜ）、What（何を）、How（どのように）、How many（どのくらい）、How much（いくら）の8つ。

3-2 全社的なセキュリティ管理の必要性

制御システムの運用体制の例

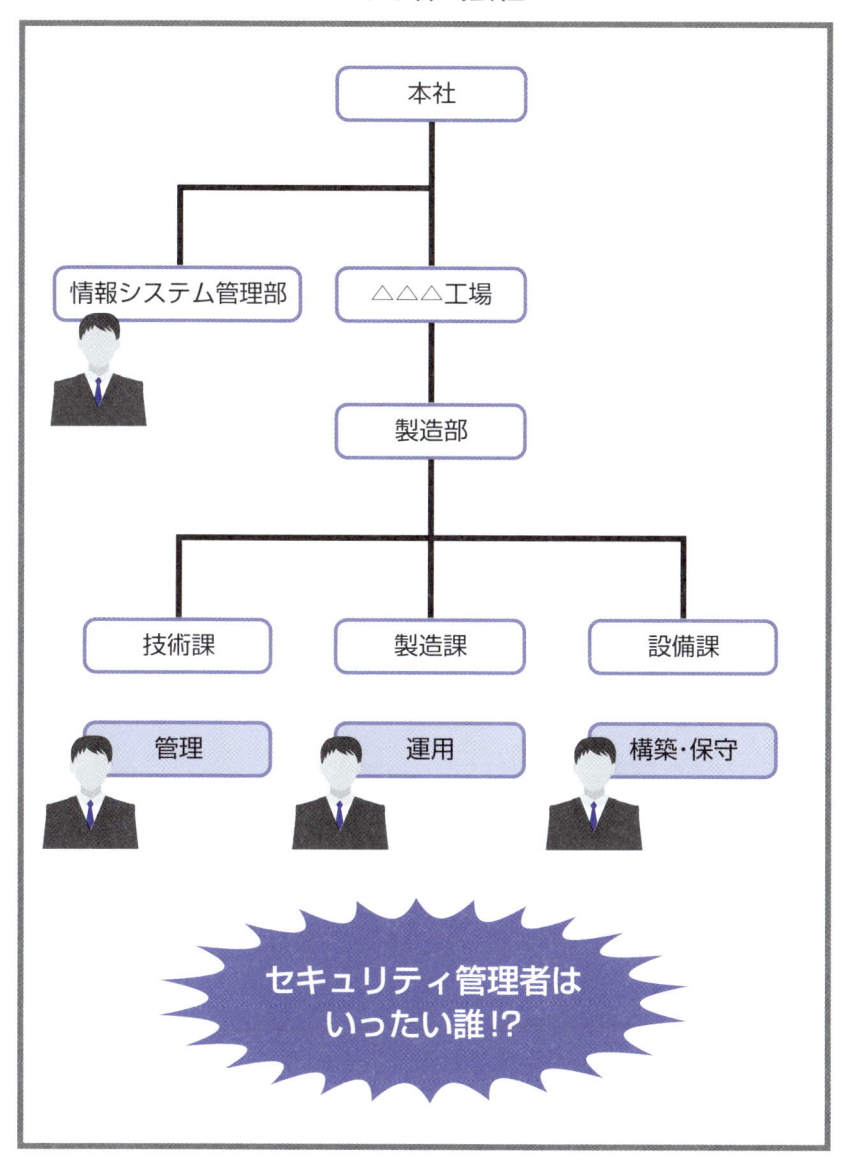

○○○株式会社

```
                    本社
                     │
          ┌──────────┴──────────┐
     情報システム管理部        △△△工場
                                │
                              製造部
                                │
                ┌───────────────┼───────────────┐
              技術課           製造課           設備課
              
              管理             運用           構築・保守
```

セキュリティ管理者は
いったい誰!?

3-2　全社的なセキュリティ管理の必要性

▶▶ 全社的な運用管理の必要性

　制御システムを構成する特定の機械設備や機器、ソフトウェアのセキュリティ強度をいくら高めても、システム全体の強度が必ずしも高まるとは限りません。例えば、上位システムとの接続を保護するファイアウォールの性能をいくら高めたとしても、末端の機械装置のメンテナンスでインターネット回線が接続されていたら、はたしてどうでしょうか。「木を見て森を見ず」とならないように、全体のセキュリティ強度を高めるには、システム全体を俯瞰し、バランスのとれた対策を進める必要があるのです。

　制御システムに限りませんが、セキュリティ対策を進めることは、企業の社会的信頼やブランド価値の向上につながります。一昔前と比べ、企業を取り巻く経営環境は大きく変わりました。グローバル化の進展、ITの高度化、コンプライアンス*の重視、社会的価値の追求などなど。つまり、企業を取り巻く脅威が増加する中、必要な対策をしっかりとることは、顧客・取引先・株主・従業員などのステークホルダー*の信頼を高め、企業のブランドイメージを強固にするのです。

　ここ近年、大手企業を中心に**内部統制**の取り組みが浸透しました。内部統制とは、組織の業務の適正を確保するための体制を構築していくことです。この中で、「IT全般統制」や「IT業務処理統制」といったITに対する適切な対応が求められています。このIT対応の中で、企業内の情報システムは対象に含まれていても、制御システムは対象になっていないことがほとんどです。つまり、制御システムに対するセキュリティが思わぬ落とし穴になり、企業を失墜させる危険をはらんでいるのです。

　セキュリティに関する企業の体制整備や活動強化のためには、セキュリティマネジメントシステムの構築・運用が非常に有効です。リスク分析の実施により、効果的でバランスのとれたセキュリティ対策につながります。また、継続的な改善活動を進めることで、日増しに変化・増大するセキュリティの脅威や脆弱性に対抗することができます。

　セキュリティマネジメントシステムによる全社的な運用管理を進めることで、セキュリティ上における鎖の弱いつなぎ目を強化し、全体のセキュリティ強度を効果的に高めることが可能になるのです。

＊**コンプライアンス**　企業などによる法令遵守のこと。
＊**ステークホルダー**　企業などと直接・間接的な利害関係を有する人のこと。

3-2　全社的なセキュリティ管理の必要性

セキュリティ管理は全体のバランスが重要

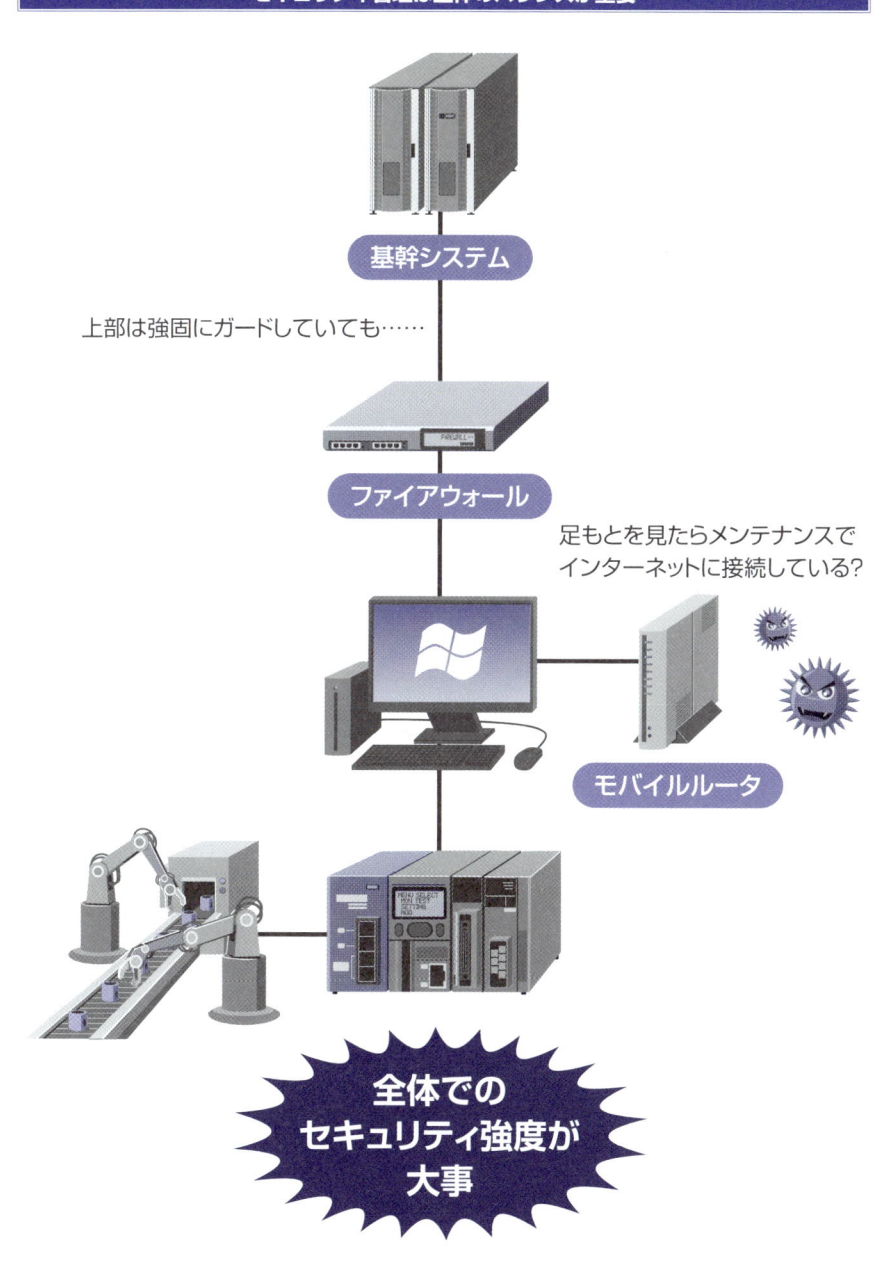

基幹システム

上部は強固にガードしていても……

ファイアウォール

足もとを見たらメンテナンスで
インターネットに接続している?

モバイルルータ

**全体での
セキュリティ強度が
大事**

第3章　起こりうる脅威と被害

3-3 制御システムにおけるセキュリティ環境の変化

「制御システムはクローズした環境なのでセキュリティは問題ない」といった安全神話とまずは決別する必要があります。企業内の情報システムを狙ったマルウェアだけに留まらず、工場やプラント、インフラなどの制御システムを狙ったマルウェアの攻撃を受ける時代になってきたからです。

▶▶ 制御システムセキュリティの安全神話の崩壊

　制御システムのネットワークは、現在においても外部ネットワークと遮断されるのが原則です。おそらく誰しも閉鎖されたネットワークだと思い込んでいます。

　ただし、これまで解説してきたとおり、上位システムとの連携やセキュリティパッチの適用、リモート保守の必要性などにより、外部ネットワークとの接点が増えています。

　また、閉鎖した環境だからといって、データの受け渡しなどの必要性がまったくないわけではありません。その場合、ネットワーク経由ではなく、**USBメモリ**などの記憶媒体が頻繁に使われます。つまり、ネットワークでつながった環境より、USBメモリの使用頻度が高くなる傾向にあるのです。

　確かに制御システムは、独自の機械設備や機器、ソフトウェアで構成されることが多く、脅威や脆弱性に晒されるリスクは低いかも知れません。しかし、制御情報ネットワークやSCADAのようなシステムでは、すでにオープン化が進展しています。もはや、すべてが固有なシステム環境ではないということです。部分的にオープン化されていれば、そこからセキュリティリスクは広まります。

　また、制御システムは、機械設備などの一部に含まれる付属品ではありません。システムとしてのリスクをしっかりと認識する必要があります。この部分の認識が甘いと、制御システムのセキュリティが思わぬ盲点となり、ある日突然、企業活動を脅かす大きなリスクが顕在化するのです。

3-3 制御システムにおけるセキュリティ環境の変化

閉鎖した環境による4つの脅威

USBメモリ
- USBメモリからのマルウェア感染事例は頻繁に発生
- ただしUSBメモリなどを利用しない運用は不可能なことが多い

操作端末の入れ換え/保守用端の管理
- オープン化により、操作端末は汎用パソコンであることが一般的になっており、入れ替え時等にマルウェア感染していた端末から被害が発生
- システムに接続する保守用端末が原因となるケースもある

閉鎖した環境における脅威

リモートメンテナンス回線
- リモートメンテナンス回線の先の端末からの不正アクセスやマルウェア混入が発生している

内部犯行・工業用無線LAN等
- 内部犯行者は、物理セキュリティはすり抜ける
- 工業用無線LANからの侵入事例もある
- PCのIDやパスワードの共通化、メモ書きの貼り付け等は、悪用されやすい危険な運用

[出典] 日立システムズ/プレゼン資料『制御システムセキュリティの考え方とその対策』

3-3 制御システムにおけるセキュリティ環境の変化

▶▶ 長期化する制御システムのライフサイクル

　制御システムは、制御対象となる機械設備などと連携することで、本来の役割や目的を果たします。つまり、それぞれを別々に切り離して管理することが難しい環境下にあります。よって日常の運用や必要なメンテナンス作業が機械設備の管理と一緒に行われる傾向にあります。

　通常、制御システムの開発は機械設備の導入に合わせて進められ、機械設備の工事計画で管理される一工程としてスケジュールに組み込まれます。つまり、機械設備のライフサイクルが始まるスタート時点で、制御システムは機械設備と運命をともにする構成要素の1つになっているのです。

　そのため、資産の償却期間である耐用年数が長く見積もられることになり、必然的に制御システムのライフサイクルが長期化します。

▶▶ 制御システムのセキュリティ管理者の不在

　制御システムの管理者は、機械装置の導入と合わせて設備管理部門が担当することが多いのではないでしょうか。機械や電気を専門とする技術者が制御システムも一緒に管理することになります。必然的にIT技術やセキュリティ面での対処が難しくなるのは、しかたのない状況かも知れません。

　企業内の情報システムでは、専門の管理部門により、基幹システムの管理と合わせて全社的なセキュリティ管理の統制が図られているはずです。しかし、情報システム部門が生産現場の制御システムまで含めた、すべてのシステムを管理するのは難しいでしょう。

　また制御システムだけを切り離した管理も現実的ではありません。さらに制御システムの管理者が決まっていたとしても、制御システムセキュリティの管理者までを決めている組織は少ないのではないでしょうか。

　このように制御システムのセキュリティを管理するには、越えなければならないハードルがいくもあります。

　最初からすべてのハードルをクリアするのは現実的に困難ですが、後ほど解説するサイバーセキュリティポリシーを策定して継続的な改善を進めることで、一つ一つのハードルを着実にクリアすることができるはずです。

3-3 制御システムにおけるセキュリティ環境の変化

制御システムの管理者は誰か？

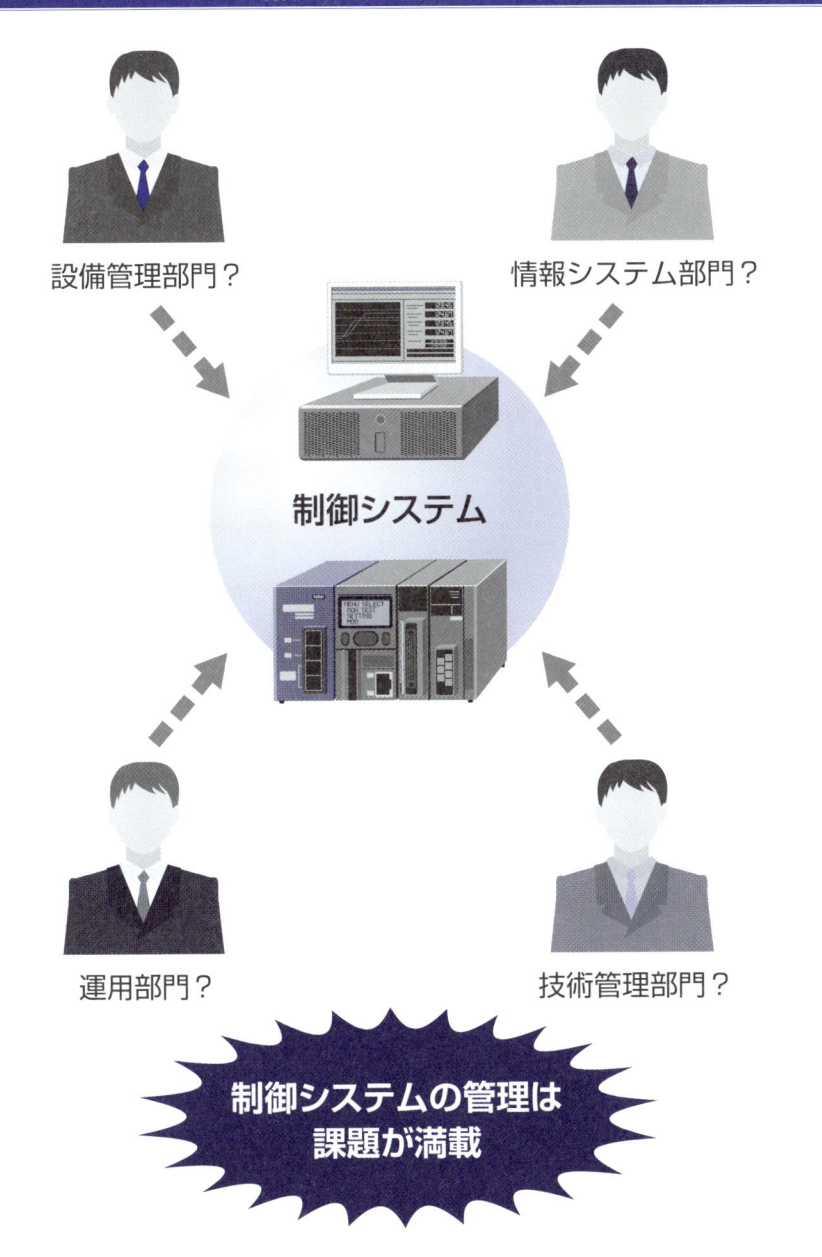

設備管理部門？

情報システム部門？

制御システム

運用部門？

技術管理部門？

制御システムの管理は課題が満載

第3章 起こりうる脅威と被害

3-3 制御システムにおけるセキュリティ環境の変化

▶▶ リモート保守の範囲が拡大

　一般的な企業内の情報システムでは、開発・運用・保守において外部の**ベンダー**に業務委託を行うケースは少なくありません。制御システムも同様に、外部ベンダーへの依存度が大きくなる傾向にあります。

　なぜなら、オープン化が進んだ現在でも、独自の機械設備や機器、ソフトウェアをカスタマイズして構築された制御システムが存在し、さらに制御システムの運用において、自社でIT技術を専門にする要員を参画させることが困難だからです。

　こうした状況の中、制御システムでは**可用性**が最も重視されます。システムの停止が生産に直結するため、「しばらくメンテナンスで動きません」では済まされないのです。もしシステムにトラブルが発生した場合には、一刻も早い復旧対応が求められます。つまり、ベンダーからネットワーク経由による**リモート保守**が必然となります。生産現場では、リモート接続によるセキュリティリスクよりも生産停止による業務リスクの方が、はるかにインパクトが大きいのです。

　また、IT技術の進展で、生産現場にはソフトウェアで動作するコンピュータ機器が増えました。PLCやDCS、SCADA、HMIなどはいうまでもありません。それに伴い、ハードウェアに起因するトラブルよりも、ソフトウェアに起因するトラブルの割合が増えているのが現実です。しかもその原因がハードウェアなのかソフトウェアなのか、初期トラブルの切り分けも難しくなりつつあります。特にソフトウェアのバグであった場合は、原因の追究・復旧対応に長時間を要することも少なくありません。

　現在では、機械設備の保守もリモートになっています。機械設備そのものに、組み込み用パソコンなどのコンピュータがいくつも搭載されています。機能のソフトウェア化が進み、機械設備のトラブルもソフトウェアに起因するものが多くなっています。それゆえ、機械設備の本体がネットワーク接続され、機械設備メーカーからのリモート保守を受けることが現実にあり得るのです。リモート保守は、インターネット接続できるモバイルルータ等を取り付けるだけで、容易に実施が可能です。

　このようなリモート保守の範囲の拡大に伴い、より外部ネットワークとの接点が増えることから、不正アクセスなどのセキュリティ脅威が一段と高まっています。

3-3 制御システムにおけるセキュリティ環境の変化

トラブル時の優先事項

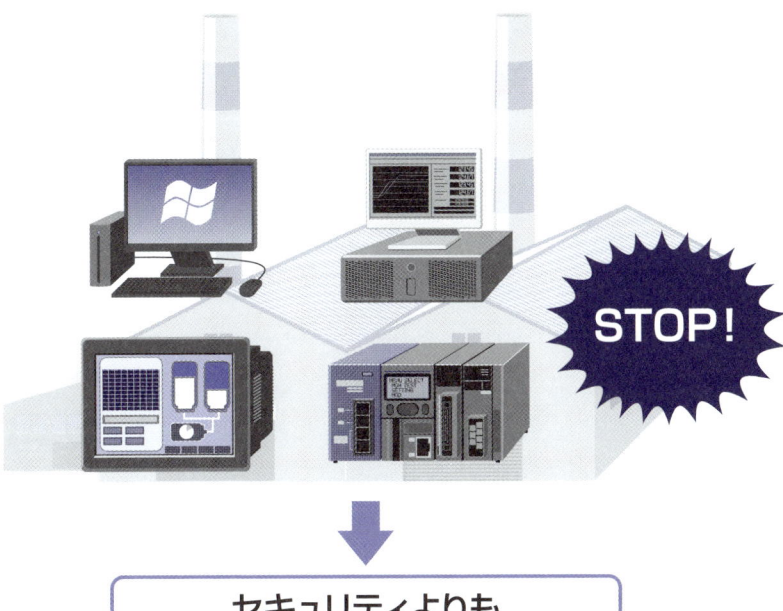

↓

セキュリティよりも
まずは動かすことが優先される

↓

ネットワーク経由による
リモート保守を実施

↓

外部ネットワークとの接点が増え、
セキュリティの脅威が高まる

3-3 制御システムにおけるセキュリティ環境の変化

▶▶ 制御システムが標的になる背景

　企業内の情報システムへの**サイバー攻撃**は、日増しに高度化・巧妙化しています。それに対抗するため、企業の情報システムセキュリティも日進月歩でその変化への対応を進め、ハッカーにとってそう簡単にセキュリティのハードルをクリアできる状況ではなくなっています。

　しかし、工場やプラント、インフラなどの制御システムを対象にした攻撃ではどうでしょうか。実際のところ、大手企業においても制御システムのセキュリティ対策はあまり進んでいません。* ハッカーから見ると情報システムを攻撃するよりもはるかにハードルが低いはずです。

　特に制御システムでは、次のような重要な問題点が放置、もしくは見過ごされています。

---

①セキュリティパッチが当たっていない。
②いまだにWindows 2000やWindows XPなどの脆弱性の高いOSが使われている。
③パスワードがデフォルトのまま変更されていない。

　また、企業内の情報システムでは、情報漏洩対策の観点から、USBメモリの接続を全面的に禁止している企業も少なくありません。しかし、制御システムでは、そもそも隔離された環境下にあったため、記録媒体を介した情報データの受け渡しが日常化していました。

　現在においてもUSBメモリは制御システムで頻繁に使われています。外部ネットワークから完全に遮断されているはずの制御システムにおいて、マルウェアの感染被害が後を絶たないのは、USBメモリを経由して感染しているためです。

　今までであれば、ハッカー側も制御システムがどのようなものであるか、ほとんど知らなかったと思われます。しかし、近年の制御システムを狙ったサイバー攻撃の出現により、企業にどれだけのインパクトを与えられるかがより明確にわかってきたはずです。

　ハッカーにとっては、情報システムを狙うよりも制御システムを狙った方が簡単

***大手企業〜進んでいません。** 2015年6月16日、トヨタ自動車は、BR情報セキュリティ推進室を新設した。業界に先駆けて、情報システムだけでなく、制御システムのセキュリティ向上を推進することを目的にしている。

3-3 制御システムにおけるセキュリティ環境の変化

情報システムを狙った攻撃、制御システムを狙った攻撃

情報システムを狙った攻撃

攻める
ハードルが
高い

制御システムを狙った攻撃

攻める
ハードルが
低い

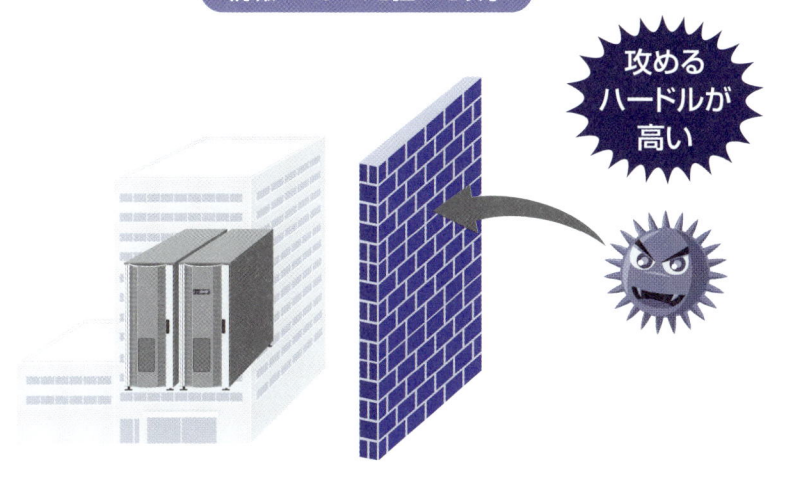

3-3 制御システムにおけるセキュリティ環境の変化

であり、制御システムをターゲットにすれば攻撃のコストパフォーマンスを高められることを知っているのです。

▶▶ イランの核施設を攻撃したStuxnet

　Stuxnet（スタックスネット）は、Windowsに感染するマルウェアです。2010年にイランの核燃施設の制御システムが感染し、約8,400台のウラン濃縮用遠心分離機すべてが稼働不能に陥りました。その後、ユーラシア圏を中心に感染の報告が相次ぎ、世界中に衝撃が走りました。

　Stuxnetが通常のマルウェアと大きく異なったのが、制御システムをターゲットに攻撃することでした。独シーメンス社製のSCADA（WinCC）を攻撃目標とし、感染するとSCADAに接続される独シーメンス社製のPLC（S7）のラダープログラムを書き換え、PLCにつながるインバータ機器＊の周波数を不正にコントロールします。

　さらに衝撃的だったのが、Windowsに潜在する複数の脆弱性を利用していたことや、ネットワークやUSBメモリ経由など複数の感染ルートを持つこと、さらに感染すると自身を隠ぺいして検知されないよう延命を図ることなど、不正プログラムとしては巧妙かつ高度な技術が多用されていました。史上初の**サイバー兵器**と呼ばれ、イランの核兵器開発を妨害する目的で行われた「国家組織によるサイバーテロ」だと噂されたのもこのためです。

　独シーメンス社の制御システムが広く使われる国では、制御システムセキュリティの対策に注目が集まりました。日本では、国内メーカーの制御システムのシェアが高かったこともあり、Stuxnetによる被害報告はほとんどありませんでした。ただし、これを契機に経済産業省による**制御システムセキュリティ検討タスクフォース**が立ち上がり、制御システムセキュリティ向上のための取り組みがスタートしました。技術研究組合 **制御システムセキュリティセンター**（CSSC）が発足し、EDSA認証やCSMS認証の制度開始につながったのです。

　ある意味、Stuxnetの出現が制御システムのセキュリティに対する「潮の変わり目」になったと判断できます。

＊**インバータ機器**　電気を直流から交流へ変換することで周波数を自在に変化させ、モーターの回転速度などを制御する機器のこと。

3-3 制御システムにおけるセキュリティ環境の変化

Stuxnetによるイラン核燃料施設攻撃

1 USBメモリなどを経由してシステム内部へ

2 Windowsに潜在するセキュリティホールなど、複数のゼロデイ*の脆弱性を狙って制御システムに侵入

3 遠心分離器の回転速度を不正にコントロール

4 約8,400台の遠心分離器がすべて稼働不能に

日本の動き

- 制御システムセキュリティ検討タスクフォース
  2011年10月〜2012年4月
  - 技術研究組合 制御システムセキュリティセンター（CSSC）
    2012年3月6日発足
    - EDSA認証制度の開始
      2014年4月
  - JIPDEC CSMS認証制度の開始
    2014年7月

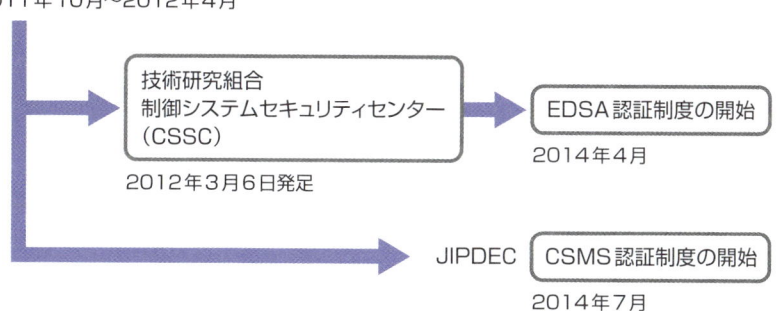

---

*ゼロデイ　セキュリティ上の脆弱性を解消する手段のない状態のこと。修正プログラムが提供されるまで、セキュリティの脅威に晒されることになる。

▶▶ Stuxnetの特徴

　当時、Stuxnetは「新しいタイプの攻撃」であると注目されました。それは標的型攻撃につながる特徴を持っていたからです。

　マルウェアによる攻撃は、**共通攻撃**と**個別攻撃**の2段階で行われます。

　共通攻撃は、まず以下のようにターゲットへの侵入を目標に、あらゆる感染手段を講じます。

---

1. ネットワークやUSBメモリなど複数の侵入ルートを併用する。
2. ソーシャルエンジニアリング（人の不注意などを巧みにつく）を駆使する。
3. 複数の脆弱性を利用して内部での感染を拡大する。
4. バックドア＊を作成し、外部の指令サーバーと通信を行う。
5. 別のマルウェアのダウンロードや自身を最新版に更新して増強を図る。

　一方、個別攻撃では感染した後に本来の目的を果たすために、対象システムに応じた特殊な攻撃を行います。

---

1. 標的となるシステムへの侵入と感染を行う。
2. ターゲットに特化した本攻撃を開始して被害を与える。

　従来のマルウェアは、主に不特定多数を狙った攻撃で被害を拡大させるものでした。すべてのターゲットに対して同じような攻撃を行うため、市販のセキュリティ製品による対策が奏功しました。

　これに対してStuxnetのようなマルウェアは、特定のターゲットを狙った攻撃に特化しているため、それに応じた個別の対策をとるのが非常に難しくなります。また、手口が高度化・巧妙化されているため、感染そのものに気づかない可能性も高いのです。

　これまでのマルウェアに対するセキュリティは、あらかじめ攻撃を防ぐ「予防的」なものが中心でした。しかし、新しいタイプの攻撃では、予防的な対策が非常困難なため、いかに早期に異常を検知するかといった「事後的」な対策が求められるようになってきています。

＊**バックドア**　コンピュータに侵入するためのセキュリティ上の裏口のこと。

3-3 制御システムにおけるセキュリティ環境の変化

標的型攻撃（新しいタイプの攻撃）

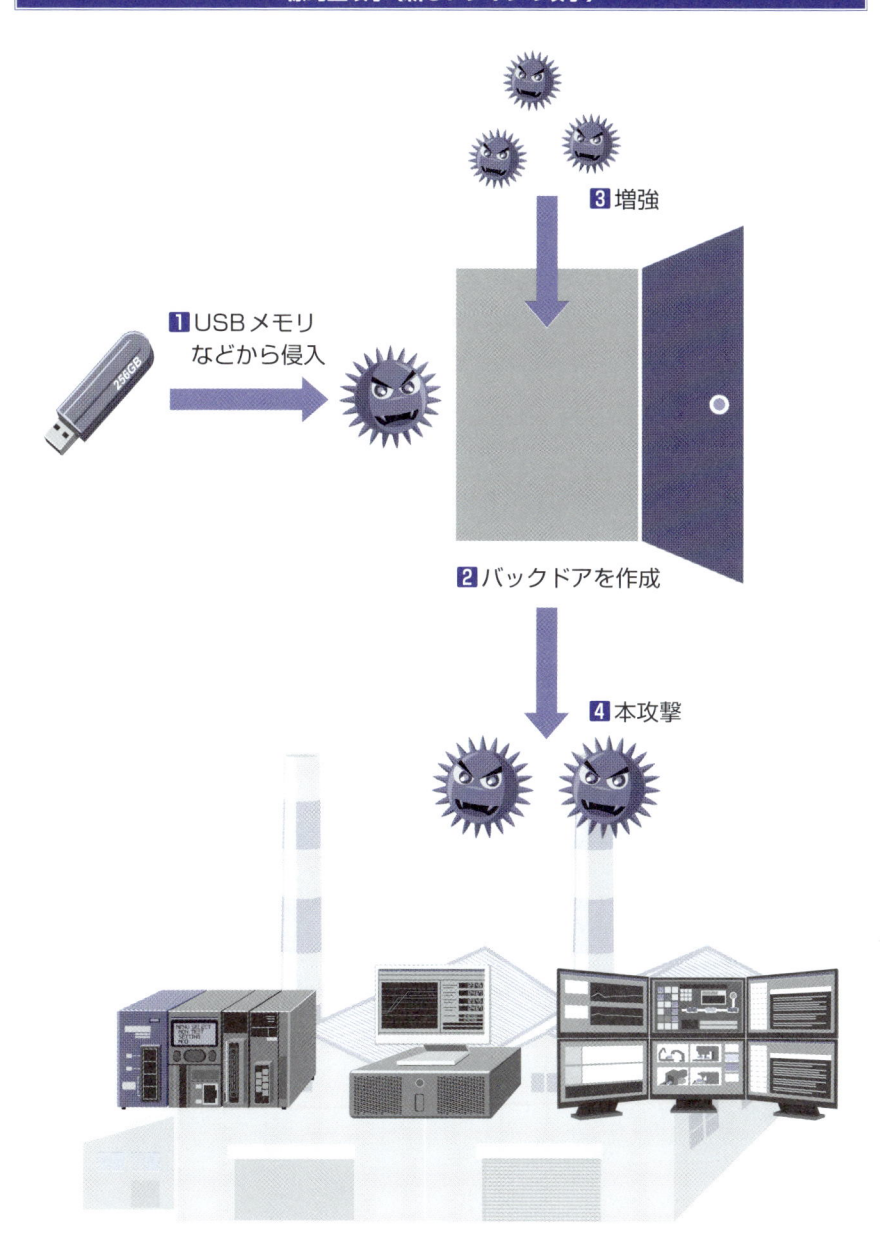

1. USBメモリなどから侵入
2. バックドアを作成
3. 増強
4. 本攻撃

3-4 インシデントの実例

制御システムのセキュリティインシデントは年々増加傾向にあります。実例として公表されたものを知ることで、今後どのようなインシデントの発生が想定されるのか考察を進めます。

▶▶ 被害事例① アメリカの自動車工場のケース

2005年8月18日、ダイムラー・クライスラー社（現ダイムラー社）の米国にある13の自動車工場が単純なマルウェアの感染で操業停止に陥りました。関連する部品サプライヤへの感染拡大が懸念され、およそ1,400万ドル（約17億円）の損害につながったとのことです。

当時、インターネット上で蔓延したワーム型*のマルウェアである**Zotob**（ゾトブ）への感染が原因でした。感染源として、外部から持ち込まれたノートパソコン経由の可能性が指摘されています。

Zotobは、ネットワークに接続されたほかのパソコンへ自己複製を拡大し、パソコンにバックドアを設けたり、OSを自動的に再起動したりする被害を及ぼします。感染はあっという間に広がり、各工場の制御システムがオフラインになって自動車の組み立て作業が中断しました。

制御システムでは、外部ベンダーがメンテナンスなどのためにパソコンを持ち込み、システム内部へ接続するケースが非常に多く、パソコンの持ち込み管理をいかに適切に行うことが重要であるかが、おわかりいただけると思います。メンテナンス時には自社所有のパソコンを貸出したり、持ち込みパソコンは必ず検閲してから内部ネットワークへ接続したり、対策方法はいろいろ考えられます。

また、ZotobはWindows 2000の脆弱性を利用しており、マイクロソフト社はそのセキュリティパッチを8月9日に公開していました。もしパッチが適用されていれば、感染は防げたのです。

---

*ワーム型　ネットワークを自由に移動して破壊活動や別のコンピュータへの侵入を行うコンピュータウィルス。ワーム（worm）は、ミミズなどの細長い虫の俗称。

3-4 インシデントの実例

マルウェア感染による自動車工場操業停止

外部ベンダー

1. 感染したノートPCを持ち込み

Zotob

自動車工場1

2. Zotobの感染活動により次々と感染

自動車工場13

3. 感染は拡大し、ついには13の工場が操業停止

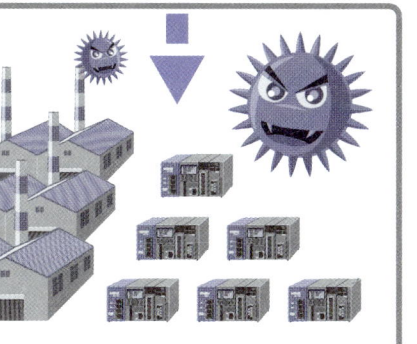

3-4　インシデントの実例

▶▶ 被害事例②　トルコの石油パイプラインのケース

　2008年8月5日、トルコ東部の石油パイプラインが爆発した事故に関して、サイバー攻撃の可能性が指摘されています。制御システムを不正に操作し、警報アラームの動作を停止した上で、パイプ内の圧力を異常に高めて爆発させた疑いがもたれています。

　悪意を持つ者が、監視カメラの通信ソフトウェアの脆弱性を利用して内部ネットワークに侵入し、WindowsをOSとする制御システムに不正なコードを送り込んだとの報道もありましたが、詳細は不明です。復旧までに3週間程度を要し、損失額は1日当たり50～70百万ドルともいわれました。

▶▶ 被害事例③　ドイツの製鉄所のケース

　BSI（ドイツ連邦電子情報保安局）が公開した2014年版サイバー犯罪白書では、マルウェアによってドイツの製鉄所の操業停止になったケースが報告されています。

　ハッカーグループがドイツの製鉄所に対し、電子メールに添付したマルウェアによってシステムに侵入し、ネットワークにアクセスするためのユーザーIDとパスワードを入力させた後、そのアカウントを使って内部システムにアクセスし、操業を停止させました。製鉄所は溶鉱炉を正常にシャットダウンできず、生産設備に大きな損傷を受けました。なお、ハッキング攻撃の詳細については、まだ明らかにされていません。

▶▶ ネットに接続している制御システムを調べられる検索サービスもある

　SHODAN（ショーダン）は、2009年にJohn Matherly氏によって開発されたインターネット接続機器検索サービスです。ここにインターネットに接続されている5億台の機器の情報がデータベースに格納されています。実はこのサイトで、インターネットからアクセスできる制御システムが数多く見つかっています。

　例えば、この情報によって制御システムにバックドアが仕掛けられ、知らぬ間に制御システムがファイアウォールを越えてインターネットからアクセスされていることも考えられます。

　もし、リモート保守のために制御システムをインターネットへ接続していたら、すでに標的型のサイバー攻撃を受けている可能性も否めません。

3-4 インシデントの実例

製鉄所へのサイバー攻撃

ハッカーグループ

1. マルウェア付きメールを送信し、IDとパスワードを入手

製鉄所

2. 入手したIDで溶鉱炉を正常にシャットダウンできない状態にする

損傷

SHODAN検索エンジン

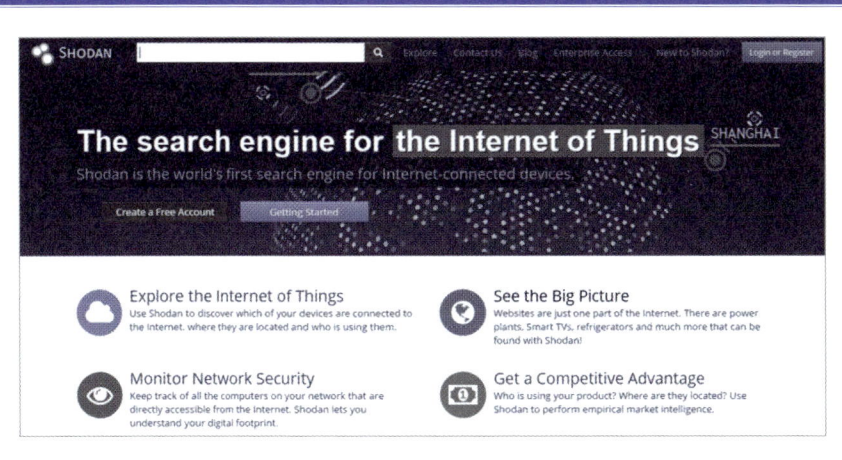

The search engine for the Internet of Things
Shodan is the world's first search engine for Internet-connected devices.

Create a Free Account　Getting Started

Explore the Internet of Things
Use Shodan to discover which of your devices are connected to the Internet, where they are located and who is using them.

See the Big Picture
Websites are just one part of the Internet. There are power plants, Smart TVs, refrigerators and much more that can be found with Shodan!

Monitor Network Security
Keep track of all the computers on your network that are directly accessible from the Internet. Shodan lets you understand your digital footprint.

Get a Competitive Advantage
Who is using your product? Where are they located? Use Shodan to perform empirical market intelligence.

3-4 インシデントの実例

▶▶ 今後、発生が想定されるインシデント①

　SCADAとPLC間では、TCP/IPやUDP/IPなどの標準プロトコルを使って通信を行います。通信のレスポンス性を高めるために、コネクションレス型＊でオーバーヘッド＊の少ないUDP/IPが用いられるケースも多くなっています。

　通常は、SCADAからPLCへ向けて「コマンド要求」が送信されて、PLCがその要求に対する「レスポンス応答」を返信するといった、コマンドレスポンス方式でやり取りが行われます。

　このSCADAとPLC間の通信仕様（コマンドとレスポンスの伝文内容）は、さまざまな製品・機器がオープンに接続できるよう公開されています。つまり、誰でもインターネット上からPDFで仕様をダウンロードできるのです。PLC内部のデバイスメモリの読み出し／書き込み、CPUの停止／再起動、ラダープログラムの変更など、さまざまな操作が行える仕様になっています。これを使えばネットワーク経由により、PLCをリモート操作できます。

　可用性を重視する制御システムでは、ネットワーク越しに複数台のPLCをオンラインでメンテナンスできることは、非常に大きなメリットとなります。例えば、生産現場に点在して設置されたPLCの状態を全体でモニタリングしながら、ラダープログラムの改修をシームレスに行うことができます。

　ただし、このメリットは、Stuxnetのようなマルウェアの攻撃として悪用される可能性があります。

　現時点で、PLCそのものがマルウェアに感染するリスクは非常に低いものです。しかし、SCADAはオープン化が進んでいるため、Windowsの脆弱性を利用したマルウェアの感染リスクがあります。

　SCADAからPLCのデバイスメモリを不正に改ざんするようにラダープログラムを変更することは可能です。第二のStuxnetがいつ出現しても不思議ではありません。

　SCADAとPLC間の通信では、パスワード認証等によるセキュリティ機能があっても、それを使っているケースは非常に稀です。またTCP/IPやUDP/IPのポート番号を、デフォルト値のまま変更せずに運用されていることも多いです。まずはこれらのセキュリティ対策を実施するだけでも、新たな脅威の発生によるリスクを低減できるはずです。

＊コネクションレス型　　データ通信において、相手の通信状況を確認せずに一方的にデータを送りつける通信方式のこと。

＊オーバーヘッド　　データを転送する際に、相手の通信状況を確認したり、再送信したりする時間のこと。

3-4 インシデントの実例

SCADAとPLCとの通信

PLC　　　　　　　SCADA

コマンド伝文

ヘッダ	アプリケーションデータ	
	サブヘッダ	テキスト

レスポンス伝文

ヘッダ	アプリケーションデータ	
	サブヘッダ	テキスト

コマンドレスポンス方式

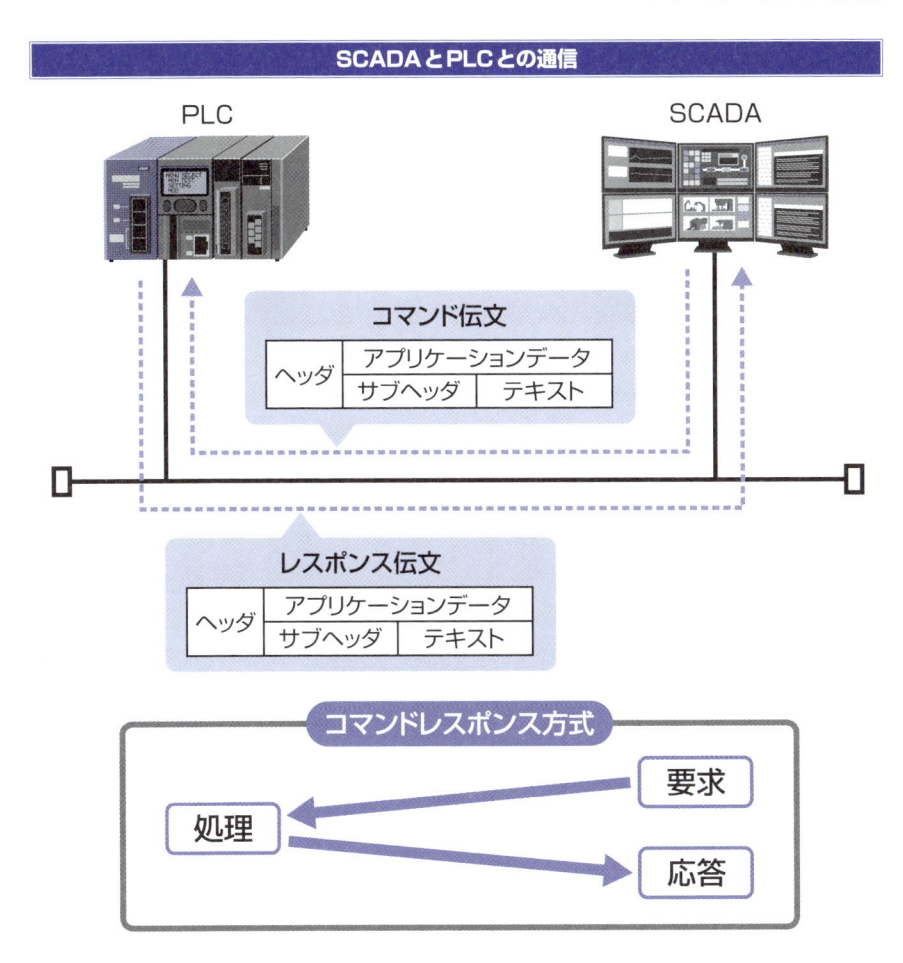

要求 → 処理 → 応答

▶▶ 今後、発生が想定されるインシデント②

　OPCは、OLE for Process Controlの略で、1996年に産業オートメーション業界のタスクフォースが策定したプロセス制御の標準規格です。現在は、OPC Foundationという国際標準化コンソーシアムで規格の管理が行われています。

　このOPCが策定された目的は、異なるメーカーの制御機器間でシームレスに、リアルタイムなデータ通信を行うためです。PLC固有の通信プロトコルを標準インターフェイスとして抽象化し、SCADAなどが複数メーカーのPLCとシームレスに相互通信できるようにしています。OPCに対応した制御機器であれば、メーカー機

3-4 インシデントの実例

種などの違いを意識することなく、制御システムの構築ができます。

OPCは当初、WindowsのCOM／DCOM＊（分散型コンポーネント・オブジェクト・モデル）技術に基づいて開発されました。しかし、この技術にはいくつかの脆弱性が見つかり、これを悪用したマルウェアが見つかっています。現在、制御システムで使われているOPCには、この脆弱性を抱えたものが多く存在しているのです。ここ近年では、**Havex**（ハベックス）と呼ぶトロイの木馬型マルウェアがこの脆弱性を悪用し、接続された制御システム機器の情報を搾取することで話題となりました。今後は情報を搾取するだけでなく、制御システムを誤動作させて被害を拡大するマルウェアの出現につながる可能性が十分あります。

また**OPC Unified Architecture**（UA）は、OPCの機能をベースとしながら、機能拡張のために再設計された標準規格です。注目すべきは、Windowsに依存することなく複数のOSに対応したマルチプラットフォーム環境が実現されていることや、セキュリティ機能（認証や暗号など）を標準で備えていることです。よって、従来のOPCからOPC UAへの移行が急ピッチで進みつつあります。

国際標準規格であるIEC62541にも登録されており、今後のセキュアな制御システム通信の実現に向けての普及が期待されています。

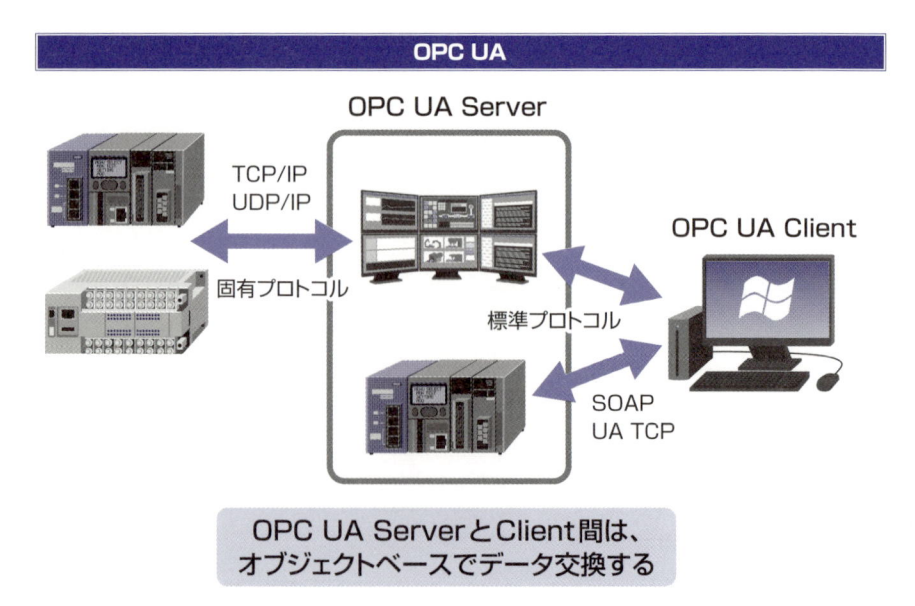

OPC UA

OPC UA ServerとClient間は、オブジェクトベースでデータ交換する

＊ **COM／DCOM**　COMは、Component Object Modelの略。DCOMは、Distributed Component Object Modelの略。

第4章

サイバーセキュリティポリシーの策定手順

　制御システムのセキュリティ対策を効果的に進めるには、企業・組織内のセキュリティ管理体制（マネジメントシステム）の構築が重要となります。そのためには、サイバーセキュリティポリシーの策定が必要です。

　「なぜサイバーセキュリティを強化する必要があるのか」「どのように制御システムを守るのか」といった企業および組織内の方針やルール、手順などをドキュメントとしてまとめます。それをベースにPDCAサイクルを回しながら継続的な改善を行うことで、有効なセキュリティ対策につながるのです。

　本章では、その策定手順を説明していきます。

4-1 セキュリティポリシーの重要性

セキュリティ対策には、まず人員の組織的な活動が基盤となります。個々の人々がそれぞれ独自の判断で対処していては統制が取れず、効果的な対策につながりません。つまり、関係者が一致団結して同じ方向へ進むように統制が必要なのです。そして、その統制のベースとなるのがセキュリティポリシーです。

▶▶ セキュリティポリシーが求められる理由

セキュリティポリシーとは、企業および組織内において実施する**セキュリティ対策の方針**や**行動指針**のことです。そして、セキュリティポリシーには、企業全体の社内規定として、セキュリティを確保するための基本方針や体制、運用規定、対策基準などを記載するのが一般的です。「どのような資産を」「どのような脅威から」「どのように守るのか」といった具体的なルールの手順化を含む場合もあります。

セキュリティポリシーの直接的な目的は、企業の資産をセキュリティの脅威から守ることです。セキュリティポリシーを策定することで、企業内のセキュリティ管理活動を進め、セキュリティ対策の有効性を高めることができます。また、その取り組みを通じて、社員のセキュリティに対する意識の向上や、取引先や顧客からの信頼の獲得といった間接的なメリットを得ることができます。この管理活動が**セキュリティマネジメントシステム**なのです。

なお、企業の持つ資産や規模、業種や業態などによって、セキュリティ対策の内容は大きく異なってきます。つまり、業務の運用形態、システムやネットワークの構成、保有するシステム資産などを考慮した上で、その内容に適したセキュリティポリシーを作成します。

ちなみにセキュリティポリシーは、一度策定したら完成といったものではありません。企業活動を取り巻く環境の変化に応じて、毎年、継続的に見直す必要があるのです。

4-1 セキュリティポリシーの重要性

サイバーセキュリティ対策に関連する一連のドキュメント（例）

サイバーセキュリティ基本規程
第一版

承認	年 月 日	
作成	年 月 日	

サイバーセキュリティ情報資産管理要領
第一版

承認	年 月 日	
作成	年 月 日	

サイバーセキュリティシステム管理要領
第一版

承認	年 月 日	
作成	年 月 日	

> セキュリティを確保するための基本方針や体制、運用規定、対策基準などを記載する

第4章 サイバーセキュリティポリシーの策定手順

4-1 セキュリティポリシーの重要性

▶▶ セキュリティポリシーの3層構造

　セキュリティポリシーは広義に、**基本方針**、**対策基準**、**実施手順**の3つの階層で構成されます。また、狭義には基本方針だけを指す場合もあります。
　本書では、基本方針と対策基準を合わせて**セキュリティポリシー**と呼ぶことにします。

●基本方針（ポリシー）

　企業のセキュリティ対策に対する**根本的な考え方**を表すものです。
　企業のトップによる「なぜセキュリティが必要であるのか」「どのような方針でセキュリティを考えるのか」といったコミットメントが含まれます。また、基本方針を社員や関係者へ周知徹底し、十分な理解や協力を得ることで、活動に対する動機づけをすることが重要です。

●対策基準（スタンダード）

　基本方針を実現するための、セキュリティ対策の**基準**を記述します。
　多くの場合、基準には「どのようなことを行う必要があるのか」といった一般的な規定を記述します。その後の実施手順で具体的な内容が検討できるよう、対策に必要となる要件をあげます。

●実施手順（プロシージャ）

　それぞれの対策基準ごとに、実施すべきセキュリティ対策の**内容**を具体的なルールや手順として記載します。対象者や業務内容に応じて、必要な手続きを明確にします。
　ここで重要なのは、すべてを画一的なレベルでまとめる必要はないということです。想定されるリスクの内容が明確であれば、リスクを低減する手順を具体的に決めることができます。ただし、事前に想定が難しく例外要素を含むリスクであれば、対策内容を少し抽象化して運用に幅を持たせる方が効果的な場合があるからです。
　実施手順は、企業の業務マニュアルやシステム操作マニュアルの中に含めることもあります。

4-1　セキュリティポリシーの重要性

セキュリティポリシーの構造

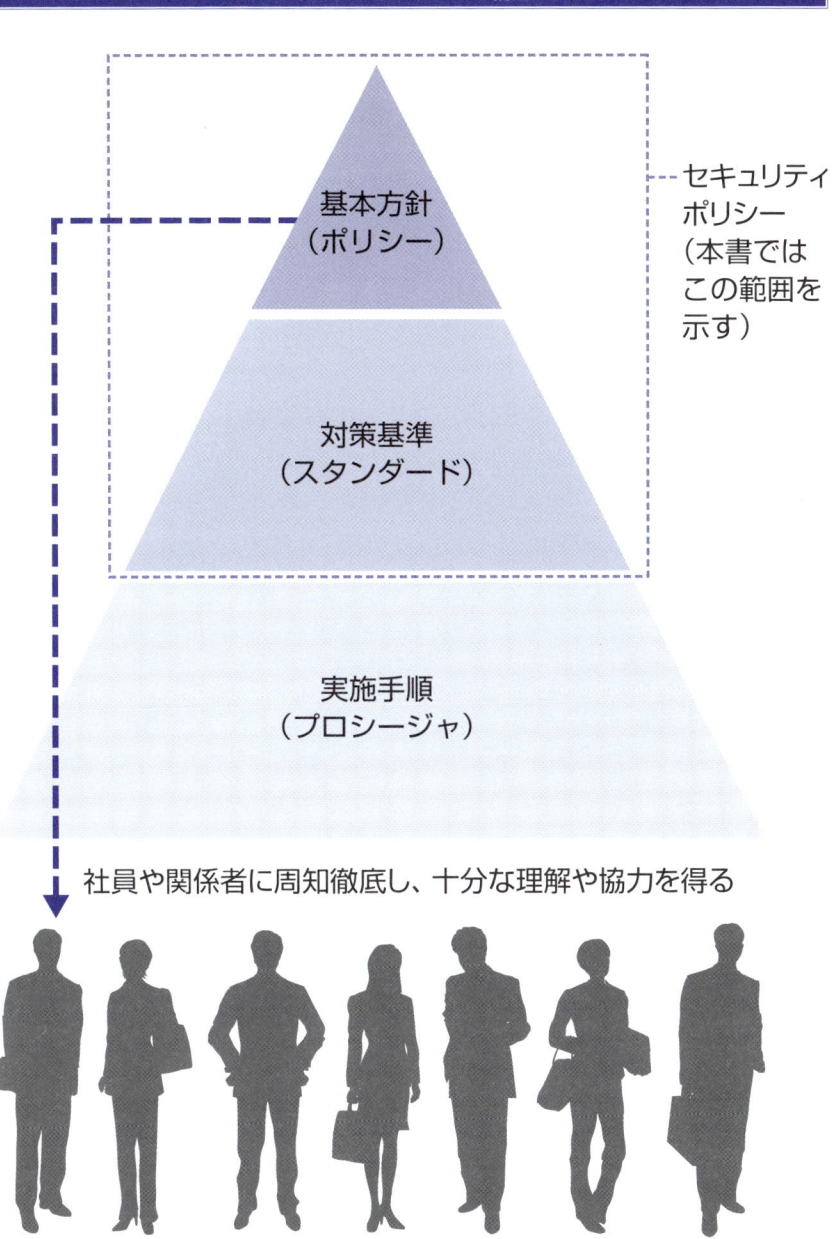

```
         基本方針
        （ポリシー）         ┐
                            │ セキュリティ
                            │ ポリシー
         対策基準            │ （本書では
       （スタンダード）       │ この範囲を
                            │ 示す）
                            ┘
         実施手順
       （プロシージャ）
```

社員や関係者に周知徹底し、十分な理解や協力を得る

4-1 セキュリティポリシーの重要性

▶▶ どのようなセキュリティポリシーが望ましいか

　実施手順のレベルで具体的なルールや手順を取り決めたとしても、セキュリティリスクが顕在化した際、その手順どおりに実施しても、すべてのリスクを低減できるとは限りません。なぜならリスクには、予期せぬ例外要素が少なからず含まれるからです。

　適切に対処するためには、必ず企業や組織、そして人の判断が必要です。そして、それを下支えする普遍的な概念や原則がなければ、判断基準として役に立ちません。予期せぬ例外要素はその状況に応じて変わります。よって、より抽象度の高いレベルで対策の大きな方向性を示す必要があるのです。そうしないと対策は的外ればかりとなり、適切な判断につながりません。

　それに加えて、「なぜサイバーセキュリティ対策が重要なのか」といったポリシーの意義が十分浸透しないと、企業や組織を構成する一人ひとりの社員にとって、セキュリティポリシーは会社から無理やり押し付けられた単に面倒なだけのルールになってしまう可能性があります。そうなった場合、社員はしっかりルールを守ってくれるでしょうか。適切に状況を判断してくれるでしょうか。

　そうならないように、トップの明確なコミットメントを示し、リーダーシップを発揮して、企業内の士気を高める必要があるのです。

　また、セキュリティリスクは、刻々と変化していきます。従来は適切だった対策が、将来的にはまったく効果のない対策になっているかも知れません。よって定期的にセキュリティポリシーの有効性をチェックし、見直していく必要があります。企業内の対応能力を高めるためにも、PDCA（計画・実施・チェック・アクション）サイクルによる継続的な改善が重要となるのです。

　さらに、今では法令違反による社会的信頼の失墜を防ぐためにも、企業のコンプライアンス対する取り組みが活発化しています。セキュリティに関しても守るべき法令や、業界における遵守基準がいくつも存在します。

　法令は社会情勢に応じて改正が行われます。関連する法令を認識し、違反がないようにしっかりと点検していく必要があります。

4-1 セキュリティポリシーの重要性

セキュリティ対策の方向性を示す

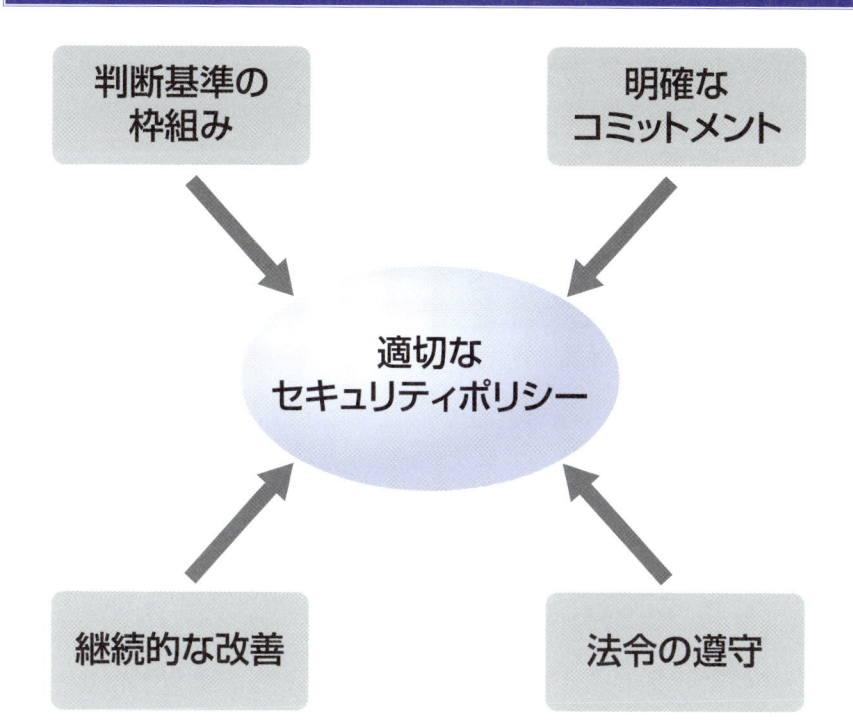

- 判断基準の枠組み
- 明確なコミットメント
- 継続的な改善
- 法令の遵守

→ 適切なセキュリティポリシー

▶▶ 制御システムのセキュリティポリシーで重要な点

　本書で取り上げるセキュリティポリシーは、「企業内の制御システムを守るためのセキュリティポリシー」のことです。よって制御システムが構築、運用、保守されている環境に適した形で、策定されたポリシーとなります。

　後ほど**CSMS**＊（サイバーセキュリティマネジメントシステム）について解説しますが、このCSMSを参考に、制御システムを守るセキュリティポリシーを**サイバーセキュリティポリシー**と呼ぶことにします。

　では、どのようにサイバーセキュリティポリシーは、策定されるべきでしょうか。

　まずサイバーセキュリティポリシーでは、制御システムを守るために前述した基本方針（ポリシー）、対策基準（スタンダード）などを策定し、PDCAサイクルによる継続的改善を進めます。

＊ **CSMS**　Cyber Security Management Systemの略。

4-1　セキュリティポリシーの重要性

　もちろんサイバーセキュリティポリシーは、企業活動のベースとなる**全社的な経営方針**に沿って策定されなければなりません。あまりにも近視眼的に制御システムの環境だけを見ると、経営方針で求められる方向性から外れてしまうことも十分考えられます。セキュリティ上で何を優先すべきか、どの程度のレベル感で実施すべきかなど、経営方針と照らし合わせての評価が必要になります。

　具体的には、サイバーセキュリティポリシーに規定されるリスク分析では、経営課題をベースに制御システムセキュリティの側面でブレークダウン＊を行い、セ

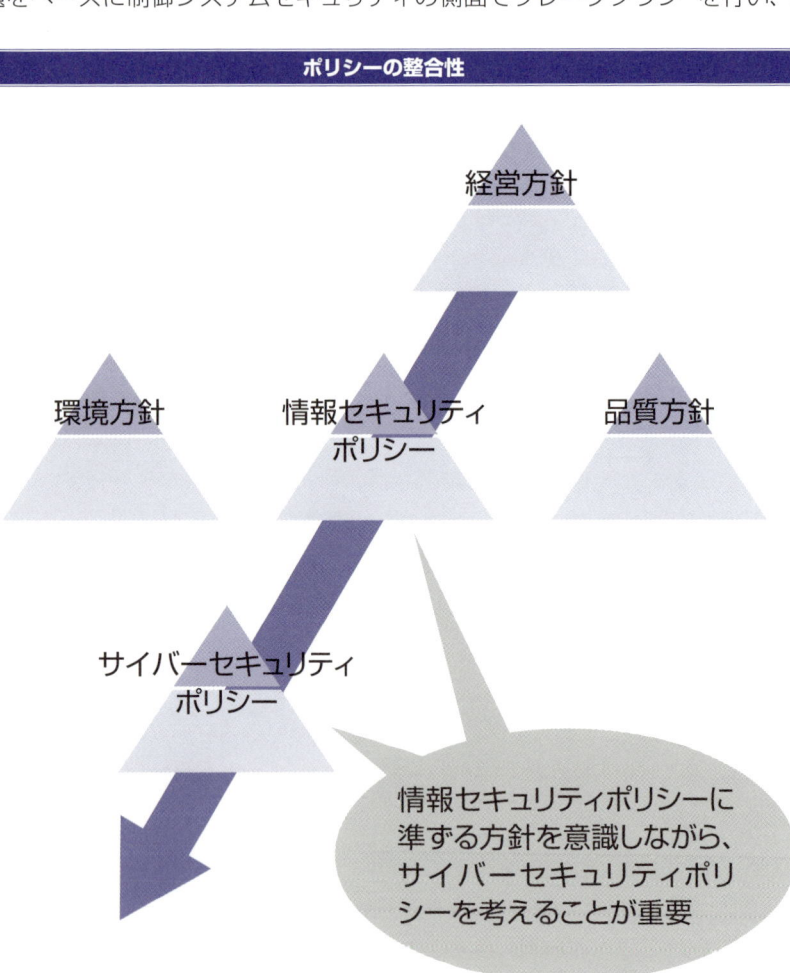

ポリシーの整合性

経営方針

環境方針　　情報セキュリティポリシー　　品質方針

サイバーセキュリティポリシー

情報セキュリティポリシーに準ずる方針を意識しながら、サイバーセキュリティポリシーを考えることが重要

＊**ブレークダウン**　ものごとを分類し、細かく分析を深めること。

キュリティ上のリスクを特定することなどです。

　なお、企業内の情報システムのセキュリティを守るために、全社的な情報セキュリティポリシーが策定されている企業も多いでしょう。この企業内に構築された情報システムと、プラントやインフラなどの制御システムでは、もちろん異なる特性を持ちますが、制御システムが情報システムに包含される範囲も当然のように存在します。

　したがって情報セキュリティポリシーに準ずる方針を意識しながら、サイバーセキュリティポリシーを考えることが特に重要になってきます。情報セキュリティポリシーと重複する規定は、それを引用することで、内容の整合性を取りながら規定の簡素化が図れるはずです。

▶▶ 制御システム固有の特性を考慮する

　これまで何度も触れてきましたが、情報セキュリティの**機密性**（Confidentiality）、**完全性**（Integrity）、**可用性**（Availability）の3要素の中で、制御システムにおいては可用性が最も重視されます。制御システムの停止が生産に直結するため、絶対に止まってはならないのです。

　したがって、制御システムにおけるサイバーセキュリティポリシーの中では、この可用性を重視した方向性を示す必要があります。つまり、システム資産の重要性やリスク分析の評価結果において、可用性をどう優先するのかという方針を明確にします。

　さらに前述したように、企業内の情報システムと制御システムが大きく異なる点が**健康**（Health）、**安全**（Safety）、**環境**（Environment）への影響を考慮しなければならないことです。システム資産の重要性やリスク分析の評価結果において、機密性・完全性・可用性に加えて、健康・安全・環境の側面をどのように考慮すべきか、その方針や手順を明確にします。

　なお、制御システムのオープン化が進展した現在においても、少なからず独自のシステム環境が存在します。重要なことは、「独自だからセキュリティは安全」だと思い込まないことです。独自だからこそ、大きな脆弱性が潜んでいたり、単純な脅威で危険に晒されたり、セキュリティ対策そのものが難しいこともあるのです。

　サイバーセキュリティポリシーでは、独自のシステム環境に対する方針に見過ご

4-1　セキュリティポリシーの重要性

制御システムの特性を考慮

- 完全性（I）
- 機密性（C）
- 可用性（A）
- 健康 Health
- 環境 Environment
- 安全 Safety

サイバーセキュリティポリシー

特性を考慮

独自のシステム環境

しがないように十分な注意が必要です。独自のシステム環境では、内部構造が完全にブラックボックス化され、いったいどのような脆弱性が潜んでいるのか、リスク分析そのものが難しいはずです。その場合、システムの運用に影響しない状況下において、**ペネトレーションテスト**を実施することも有効です。ペネトレーションテストとは、ネットワークに接続されたコンピュータに対し、実際に既知の技術を用いて侵入を試みることで、システムに脆弱性がないかどうかをテストする手法のことです。

COLUMN 「抽象と具体」の関係

「マネジメントシステム」の規格要求を読んでも、「具体的に何をすればいいのか、さっぱりわからない」といった声をよく聞きます。

例えば、CSMS認証基準の要求事項のひとつで、4.2.3.3に「上位レベルのリスクアセスメントの実行」が次のように規定されています。

> IACSの可用性、完全性又は機密性が損なわれた場合の財務的結果及びHSE（health, safety and environment）に対する結果を理解するために、上位レベルのシステムリスクアセスメントが実行されなければならない。

要求事項は抽象化され、いろいろな業種・業態の組織へ適用できるように「普遍的な概念」や「原理原則」のレベルで規定されています。抽象的で現実味がなく、あまり参考にならないと批判されることもあります。しかし抽象的だからこそ、あらゆる事象に照らしあわせて応用することができるのです。実際に要求事項を自社へ適用するには、組織の実態に適した内容へ個別具体化をしていきさます。

この「抽象と具体」の関係は、物事を考える際のフレームワークとして機能します。「抽象」⇔「具体」を行き来する中で、より思考が深まるのです。ぜひ要求事項をもとに、具体的な内容へと思考を広げてみてください。

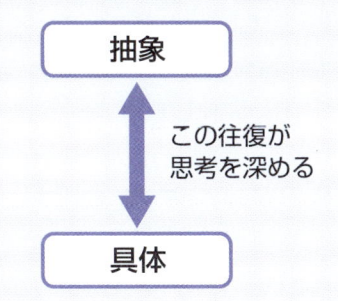

抽象 ⇕ 具体
この往復が思考を深める

4-2 サイバーセキュリティポリシーの策定手順

企業として守るべき制御システムの範囲や資産を明確にし、誰がどのような責任をもって取り組むのかという推進体制を整備します。そして、サイバーセキュリティに対するリスク分析を行い、必要な対策を決めていきます。

▶▶ 策定における留意点

　サイバーセキュリティポリシーの策定においては、まずその**適用範囲**を明確にする必要があります。生産ラインや部門、工場など、どこまで適用範囲を広げるかを検討します。

　特にサイバーセキュリティポリシーに基づき、最初に運用をスタートする際には、システムの重要性などから優先付けを行い、いきなり対象範囲を大きく広げない方がいいでしょう。まずは小さくスタートし、着実に運用を固めながら大きく拡大していくことが望ましいのです。

　例えば、「複数の工場の中の最も重要な一工場だけを適用範囲にする」、あるいは「複数の製造ラインの中の最も重点管理すべきラインだけを適用範囲にする」などです。そして適用範囲の中で守るべきシステム資産を特定し、その重要度を評価します。リスク分析を行う際にも、システム資産の重要度に応じて、そのリスクの大きさは変わってきます。

　また、システム資産の把握に漏れがあると、思わぬところに大きな脆弱性が潜むおそれがあります。新たなコンピュータ機器が導入されたり、または古いものが廃棄されたり、資産は入れ替わりが生じます。システム資産に漏れがないよう、常に最新の状態を把握しておくことが重要です。

　サイバーセキュリティポリシーを適用して運用することは、もちろん企業活動の一環となります。そのためには、どのような体制で進めるのかを明確にします。それぞれの個人が勝手にやっていては統制がとれず、期待した効果へとつながりません。推進に必要な組織体や会議体をつくり、おのおのの役割・権限・責任を決める必要があるのです。

4-2 サイバーセキュリティポリシーの策定手順

ポリシー策定に必要な要件

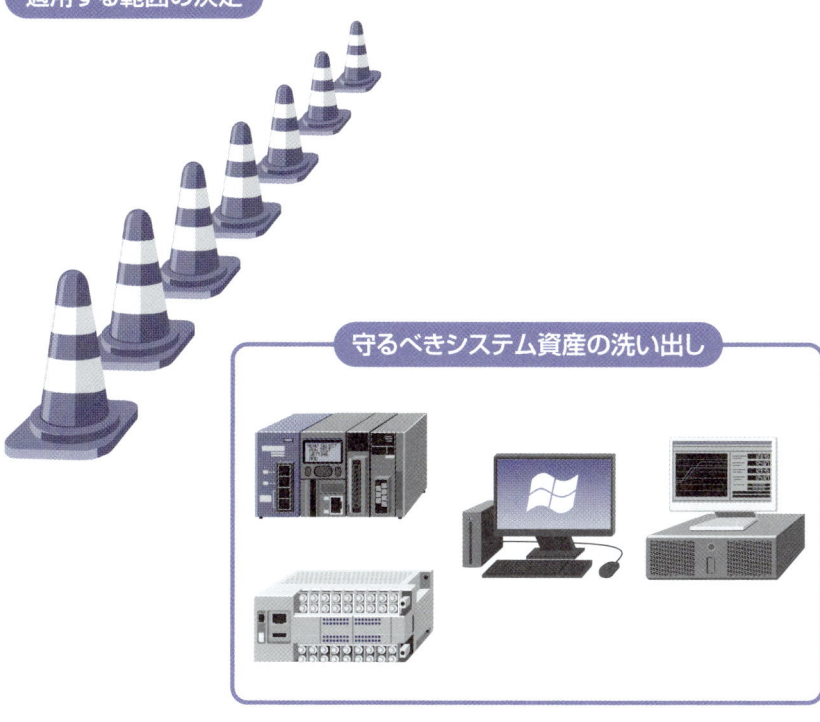

適用する範囲の決定

守るべきシステム資産の洗い出し

推進体制（役割・責任）

4-2 サイバーセキュリティポリシーの策定手順

▶▶ 策定のステップ1 基本方針の策定

　サイバーセキュリティポリシーの策定では、前述したようにまず最初に**基本方針**（ポリシー）の策定を行います。その基本方針を構成する項目を以下に一例としてあげます。

---

①目的
②適用範囲
③体制（役割・責任）
④セキュリティ方針
⑤リスク分析方針
⑥教育訓練方針
⑦ドキュメントの規約
⑧運用の指針
⑨評価の指針
⑩監査の指針
⑪継続的改善への要求

　基本方針の策定におけるポイントは、あまり厳密に決めすぎないことです。基本方針は、それに続く**対策基準**を策定するために必要となる「基本的な考え方」「取り組みの方向性」「物事に対する拠り所」などのレベル感でまとめます。

　この段階であまり詳細に踏み込んでしまうと、より具体的な内容となる「対策基準」を考える際に、整合性を保つのが難しくなります。つまり、「対策基準」が「基本方針」の的や枠に収まりきれなくなるからです。**全体のアウトライン**としてふさわしい構成で、大枠をまとめることに徹してください。

　なお、④の「セキュリティ方針」では、経営方針との整合や法令等の順守など、経営トップによるコミットメントを含めるのが一般的です。

　⑦の「ドキュメントの規約」では、サイバーセキュリティポリシーに関連する文書の制改訂や承認、文書番号の付与方法などを規定します。

4-2 サイバーセキュリティポリシーの策定手順

ポイントは「シンプルにまとめる」こと

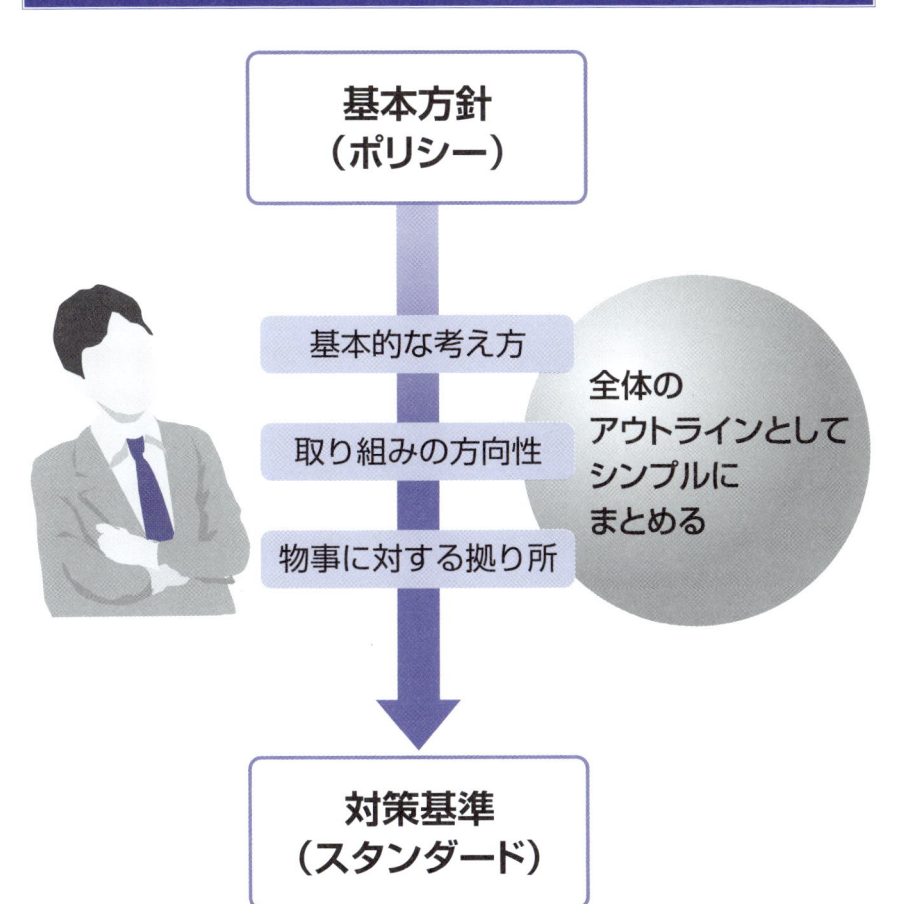

```
基本方針
（ポシリー）
    │
    │  基本的な考え方
    │                    全体の
    │  取り組みの方向性   アウトラインとして
    │                    シンプルに
    │  物事に対する拠り所  まとめる
    ▼
対策基準
（スタンダード）
```

第4章 サイバーセキュリティポリシーの策定手順

4-2 サイバーセキュリティポリシーの策定手順

▶▶ 策定のステップ2 対策基準の策定

基本方針がある程度まとまったら、続いて**対策基準**（スタンダード）を策定します。対策基準を構成する項目を以下に一例としてあげます。

①リスク分析の基準
②リスク対応の基準
③リスク管理策
　（イ）要員のセキュリティ管理
　（ロ）システム資産管理
　（ハ）物理的・環境的セキュリティ管理
　（ニ）ネットワーク管理
　（ホ）アクセス制御管理
　（ヘ）暗号管理
　（ト）システム開発・保守管理
　（チ）ベンダー管理
　（リ）インシデント管理
　（ヌ）事業継続管理
　（ル）ドキュメント管理

対策基準の策定におけるポイントは、セキュリティ対策の具体的なルールや手続きとなる**実施手順**（プロシージャ）をまとめる際の基準を決めることです。

この段階では、手順を作成する上で（最低限）決める必要のある事項をあげていきます。

例えば、（ホ）の**アクセス制御管理**であれば、

- アクセスする個人やグループが識別できること。
- アクセス権の付与・変更・取消は、システム管理者によって行うこと。
- 不要なアカウントは停止・削除すること。

などが基準となります。

対策基準と実施手順

対策基準

> 不要なアカウントは停止・削除すること

実施手順

- システム管理者が月に一度、アカウントリストを出力する
- 各部門責任者により、アカウントリストに退職者や異動者など、不要なアカウントが存在しないかチェックする
- 不要なアカウントは、部門責任者により停止／削除するかを判断する
- システム管理者は、部門責任者の指示を受け、アカウントの停止／削除を行う

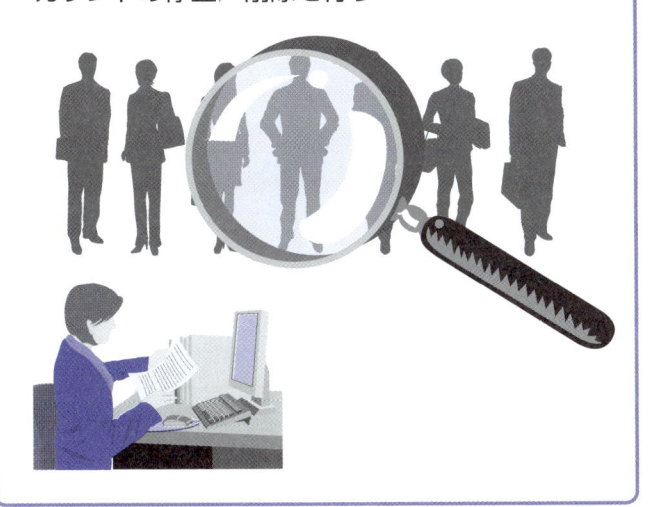

4-3 システム資産の洗い出し

サイバーセキュリティに対するリスク分析の前提として、企業および組織として守るべき制御システム資産が何なのかを明らかにする必要があります。そして、資産の重要度を適切に分類することで、リスク分析におけるリスク値の評価へとつなげます。

▶▶ システム資産台帳の作成

　リスク分析を行う前提として、まず**システム資産台帳**を作成し、企業および組織として守るべき制御システムの資産に何があるのかを明確にします。

　システム資産がリストアップされた資料は必ずどこかにあるはずなので、あらためて実施するまでもないと思われるかもしれません。しかし、資料が導入時のままで、その後の変更が台帳に反映されていない場合、実際には存在しない機器があったり、逆に台帳に存在するものがなかったりします。また、会計資料として台帳が作成されている場合、その内容がセキュリティ管理に適さないことも多いはずです。

　システム資産台帳では、資産ごとに**重要度**を評価してランク付けをします。これは守るべき資産の優先度を考えるために必要です。

　システム資産台帳の重要な用途の1つが、リスク分析における**リスク値**の計算です。一般的にリスク値は、定量化のために「脅威のレベル」「脆弱性のレベル」「資産価値のレベル」から計算を行います。

　セキュリティ上、すべてのシステム資産を同様に取り扱うことは、リスク対策の有効性・効率性の面から必ずしも合理的ではありません。その重要度に応じて、管理レベルを変える必要があります。

　例えば、可用性が非常に重視されるサーバー機器と、そうではないサーバー機器があれば、当然ながらバックアップ管理の方法は変わってきます。そのためには実際のシステム資産を取り扱うときに、一目で重要度がわかるように分類されていた方が管理がしやすいはずです。

4-3 システム資産の洗い出し

システム資産台帳（例）

※右に90度回転させてご覧ください。

資産番号	システム資産名（グループ名）	資産分類	A	I	C	H	S	E	資産価値	資産内容	管理責任者	設置保管場所	導入時期 更新周期	利用者	保守サービス	備考
A001	Aライン SCADAシステム	サーバ	2	2	1	1	1	1	B	Aラインを監視する	A課長	第一工場 A区画	2014/4/1 5年	Aライン課	Xシステム株式会社	
A002	Aライン PLC制御盤	PLC	3	3	1	1	2	1	A	Aラインを運転制御する	A課長	第一工場 A区画	2014/4/1 10年	Aライン課	Yエンジニアリング株式会社	
A003	PLC保守アプリケーション	ソフト	3	3	1	1	1	1	A	PLC保守ツール	設備課長	設備課	2012/4/1 必要の都度	設備課	なし	

第4章 サイバーセキュリティポリシーの策定手順

4-3　システム資産の洗い出し

▶▶ 台帳作成のポイント

　システム資産として、例えばサーバー本体、ディスプレイ、ディスク装置、基本ソフトウェアのDVD媒体などをすべて単体レベルでピックアップすると、台帳は膨大な行数のリストになります。これでは、台帳の維持管理が煩雑になるだけでなく、リスク分析を行う際に関連するシステム資産がいったいどれなのか判断に困ります。そのため、管理に適したレベルを決めて、グループ化してまとめることが重要です。

　例えば、AラインのSCADAサーバーに関連するシステム機器であれば、「AラインSCADAシステム」などのグループに分類します。それぞれのシステム資産は、以下のような項目を合わせて台帳に記載することで、重要度の評価やリスク分析が適切に行えます。

---

①管理責任者
②設置・保管場所
③資産の属性（ハード、ソフト、データ、持ち出しの有無など）
④導入時期・更新周期
⑤関連業務
⑥利用者の範囲
⑦保守サービスの有無

　システム資産は、新たな制御システム機器などの導入や、既存の機器の更新や撤去などで刻々と変化していきます。常にシステム資産台帳を最新の状態に維持することが、セキュリティ管理を行う上で非常に重要なポイントとなります。そして誰が台帳の管理者で、どの頻度で見直しを行い、どのようにレビューするのかなど、管理方法を事前に取り決めておくことも必要です。

　またシステム資産には、ベンダーから提供を受けるサービス等を含める場合があります。例えば、通信事業者から提供を受けているリモート保守用のIP-VPN回線サービスや、ここ近年生産現場でも使われ始めたクラウドサービスなどです。直接的には自社保有のシステム資産ではありませんが、サイバーセキュリティにおけるリスクを管理する上で、対応の漏れがないようにするためです。

4-3 システム資産の洗い出し

システム資産のグループ化

資産番号	システム資産（グループ名）	資産分類
A001	Aライン SCADAシステム	サーバー

↑ グループ化

- ディスプレイ キーボード マウス
- サーバー本体
- 基本ソフト

セキュリティ管理を行う上でのポイント

①常にシステム資産台帳を最新の状態にしておく

②台帳の管理者などの管理方法を事前に決めておく

③自社保有のシステム資産以外も把握しておく

システム資産台帳

管理者

▶▶ AIC+HSEによる資産の評価

　システム資産台帳に記載した資産の重要度は、前述した可用性・完全性・機密性（AIC）、および健康・安全・環境（HSE）の側面でも評価します。

　例えば、以下の項目をそれぞれ4段階（0～3）程度のレベルで評価する指標を設けます。

> ①可用性（停止による生産への影響度合）➡0～3のどのレベルか？
> ②完全性（相違による運用への影響範囲）➡0～3のどのレベルか？
> ③機密性（秘密にすべき対象範囲）➡0～3のどのレベルか？
> ④健康（システム障害による健康被害への影響）➡0～3のどのレベルか？
> ⑤安全（システム障害による危険発生への影響）➡0～3のどのレベルか？
> ⑥環境（システム障害による環境汚染への影響）➡0～3のどのレベルか？

　そして資産価値の大きさにより、例えば3段階（A、B、C）程度のランク付けをします。ランク付けの基準には、以下のように可用性を重視することが望まれます。

> ①可用性が3、もしくは3レベルが2つ以上ある➡A資産
> ②可用性が2、もしくは3レベルが1つ以上ある➡B資産
> ③3レベルが含まれていない➡C資産

　さらに資産価値をランク付けしたら、分類が容易にわかるようラベリングを実施するのも1つの方法です。

　例えば、ハード機器であれば以下のように色分けされたシールを本体に貼ることで、一目で分類が可能となります。

> ①A資産➡赤色のシール
> ②B資産➡黄色のシール
> ③C資産➡なし

4-3 システム資産の洗い出し

資産価値（例）

システム資産（グループ名）	資産分類	A	I	C	H	S	E	資産価値
AラインSCADAシステム	サーバー	2	2	1	1	1	1	B
AラインPLC制御盤	PLC	3	3	1	1	2	1	A
PLC保守アプリケーション	ソフト	3	3	1	1	1	1	A

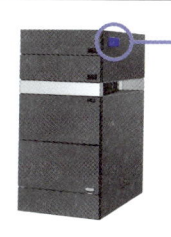

色シールを貼る

- A資産には、赤色のシールを貼る
- B資産には、黄色のシールを貼る
- C資産には、シールを貼らない

▶▶ 分類に応じた資産の取り扱い

　さらに効率的な対策を行うためには、分類された資産の重要度に応じて、その対策内容を変える必要性があります。

　限られた経営資源（人・モノ・金）を有効活用し、作業の効率や効果を高めるためにも重要度の高い資産は慎重に取り扱い、低い資産は不必要な作業を省くなど、メリハリをつけた管理が求められます。以下に、いくつかの対策例をあげて説明します。

●入退室管理
- A資産が設置される場所➡作業者の入退室を記録する、専用鍵をかける
- それ以外の場所➡記録不要

●システムの保守
- A資産のハードウェア➡原則、24時間×365日対応のメーカー保守を結ぶ
- B資産のハードウェア➡原則、平日9～17時対応のメーカー保守を結ぶ
- C資産のハードウェア➡保守なし

第4章 サイバーセキュリティポリシーの策定手順

4-3　システム資産の洗い出し

●バックアップ
- A資産のシステム➡ミラーサイトへオンラインでバックアップする
- B資産のシステム➡テープ装置*へ夜間バックアップする
- C資産のシステム➡必要があればバックアップする

●資産の持ち出し
- A資産のパソコン➡持ち出し禁止
- B資産のパソコン➡管理者の承認と記録を管理する
- C資産のパソコン➡施設外の持ち出しを禁止する

●ネットワークの分離
- A資産のネットワーク➡原則、単独のネットワークで構成する
- B資産のネットワーク➡原則、他ネットワークとファイアウォールで隔離する
- C資産のネットワーク➡分離なし

COLUMN　スキル向上のための資格取得

　セキュリティに関するスキル向上のために、資格取得を目指す方も多いのではないでしょうか。私もセキュリティに関連する資格を数多く取得しています。その過程で学んだ知識はとても仕事に役立ちました。また、資格を更新するための継続的な学習が制度化されているものは、資格の維持がそのまま知識の向上へとつながります。

　特にCSMSを学ぶには、ぜひ「監査のスキル」を高めておきましょう。マネジメントシステムを適切に構築・運用するには、監査の視点が欠かせません。

　そのために、IT技術者の皆様におすすめの資格が「公認システム監査人（CSA）」です。システム監査技術者（情報処理技術者）試験に合格し、一定の実務経験を積むことで認定を受けることができます。システム監査の対象は、IT全般から業務処理、情報セキュリティまで非常に幅広いため、効果的に監査のスキルを高められます。

　「公認システム監査人（CSA）」認定制度の詳細は、NPO日本システム監査人協会のホームページ（http://www.saaj.or.jp/）を参照ください。

＊テープ装置　磁気テープを用いる外部記憶装置のこと。記憶容量あたりのコストが安く長期保管に優れるメリットがあるが、データの転送速度が遅いなどのデメリットがある。

4-3 システム資産の洗い出し

分類による取り扱い例

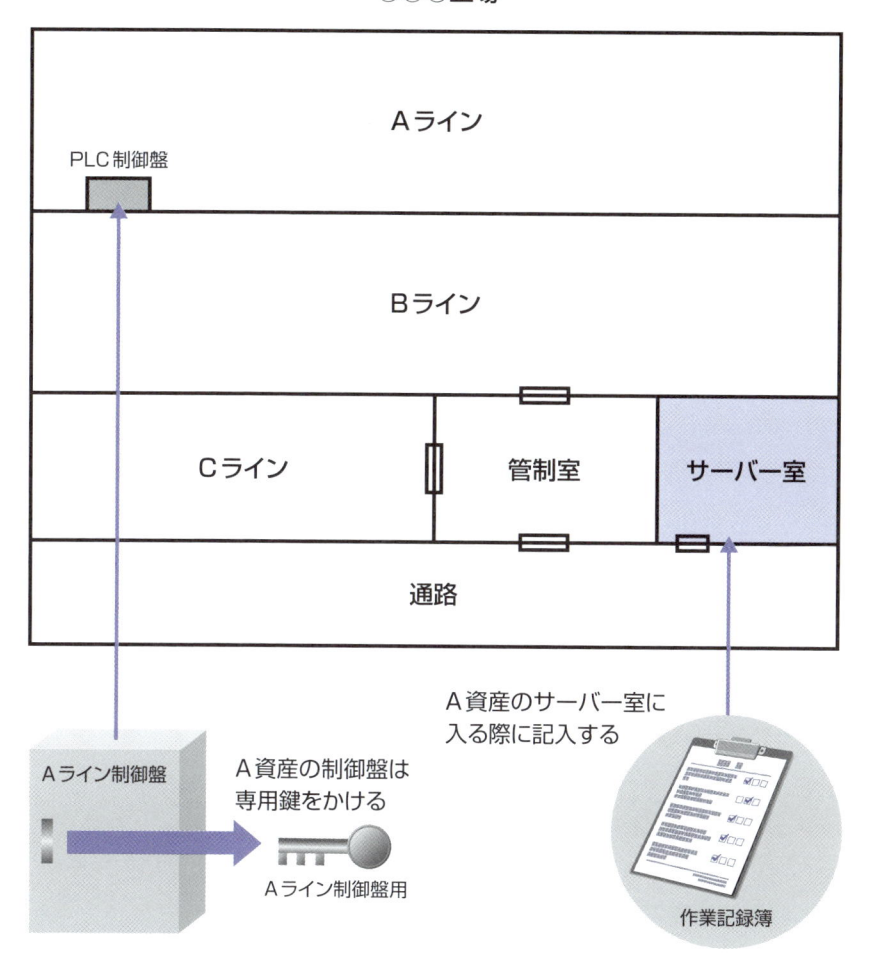

○○○工場

```
┌─────────────────────────────────────┐
│                                     │
│              Aライン                 │
│  ■ PLC制御盤                         │
│                                     │
├─────────────────────────────────────┤
│                                     │
│              Bライン                 │
│                                     │
├──────────────┬──────┬───────────────┤
│   Cライン     │ 管制室 │  サーバー室    │
│              │      │               │
├──────────────┴──────┴───────────────┤
│              通路                    │
└─────────────────────────────────────┘
```

Aライン制御盤 → A資産の制御盤は専用鍵をかける
Aライン制御盤用

A資産のサーバー室に入る際に記入する
作業記録簿

第4章 サイバーセキュリティポリシーの策定手順

4-4 セキュリティにおける課題とリスク分析

　企業および組織のサイバーセキュリティにおいて、何らかの問題や課題があれば、それに対するリスク対策が必要になります。あたり前のことですが、問題や課題そのものが明らかになっていないと、それに対する効果的な対策など打てません。つまり、効果的な対策のためには、リスク分析が非常に重要になるのです。

▶▶ リスク分析のポイント

　セキュリティ管理は、「リスク分析で始まってリスク分析で終わる」といっても過言ではないくらい、**リスク分析**が管理活動の基礎になります。まず最初にリスク分析でリスクの内容や大きさをしっかり把握できていないと、そもそも何をどう対策すべきか手が付けられないはずです。

　また、すでにサイバーセキュリティポリシーの導入で少し解説しましたが、セキュリティ管理の方向性は、**経営方針**や**経営戦略**に従う必要があります。したがってリスク分析は、企業内の経営課題からブレークダウンしていく流れが望ましいと言えます。企業の経営課題をセキュリティの側面で深掘りすることで、何が問題・課題となるのかを明らかにし、そこからリスク分析が始まるのです。

　そして続くリスク分析により、制御システムのセキュリティ上、現状のどこに問題があり、本来どうあるべきなのかという課題が浮き彫りになります。

　セキュリティ上の課題が明らかになったら、それを解決するために、必要な対策を行います。つまり、リスク分析抜きには、そもそもセキュリティ上でどこが弱いかをはっきりと認識できないため、効果的な対策にはつながらないのです。

　他社のセキュリティ事例を鵜呑みにし、「うちの会社も危ないかもなぁ」だけで同様のセキュリティ対策を実施するのが、いかに無意味なことかをご理解ください。自社で対策が必要かどうかは、本来、リスク分析をしないとわからないのです。

4-4 セキュリティにおける課題とリスク分析

リスク分析のプロセス

自社（工場）

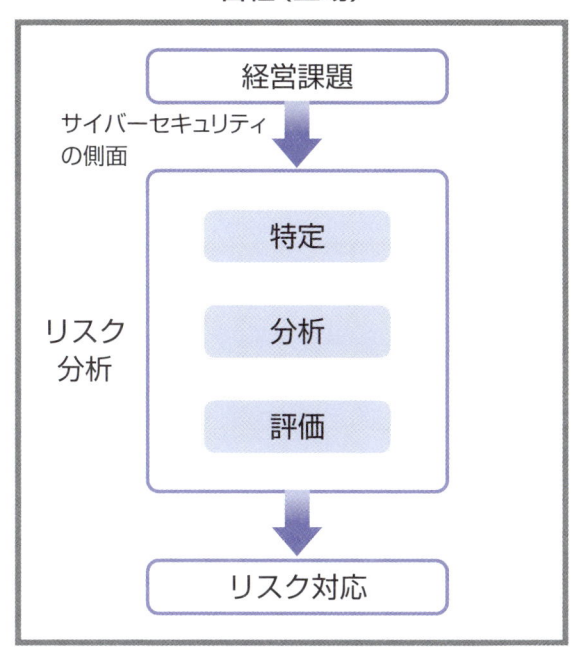

経営課題

サイバーセキュリティ
の側面

リスク分析
- 特定
- 分析
- 評価

リスク対応

「自社ではどうか？」は本来、
リスク分析しないとわからない

他社の事故事例

自社（工場） ← リスク 他社（工場）

第4章 サイバーセキュリティポリシーの策定手順

133

4-4　セキュリティにおける課題とリスク分析

▶▶ リスク分析は常に考えることが重要

　一般的にリスク分析は、Excelなどの表計算ソフトを使って実施します。洗い出したリスク項目ごとに、脅威や脆弱性、資産価値などのレベルを点数付けすることで、**リスク値**を計算していきます。

　ここで気をつけておくべきことが、表計算上の数値を操作するだけの、単純な点数付け作業にならないようにすることです。リスク値の計算結果を見ながら、脅威や脆弱性の数値レベルを単に上げたり下げたりして調整することが有効なリスク分析にならないはずです。

　何度も繰り返しますが、リスク分析とは本来、セキュリティ上で解決すべき問題・課題を明らかにすることです。あたり前のことですが、適切に分析を進めるには、しっかりとその目的を考える必要があるのです。決して単純なワーク作業ではありません。ここがきちんとできていないと、的外れな対策ばかりとなり、期待した効果を得られなくなります。

　また、はじめてリスク分析を行う際や、リスク分析にマンネリ感が出てきた場合には、外部の専門家からコンサルティングを受けるのも1つの方法です。第三者の視点からアドバイスを受けることで、新たな気づきを得ることにつながり、リスク分析の方法を効果的に改善できるはずです。

　なお、リスク分析は、システム資産台帳と同じように最新の状況に合わせて見直し（再実施）が必要です。例えば、以下にあげるタイミングがリスク分析を見直す時期として最適です。

---

①定期実施（年1回）
②事業環境が大きく変わった場合
③システム資産が大きく変わった場合
④システムの運用・保守体制が大きく変わった場合
⑤重大なインシデントが発生した場合

4-4 セキュリティにおける課題とリスク分析

リスク分析は単純作業になりやすい

AラインSCADAシステム

運用種別	脅威ランク	脆弱性ランク		リスク値
システム環境	2	2		10
バックアップ	1	2		8

計算されたリスク値

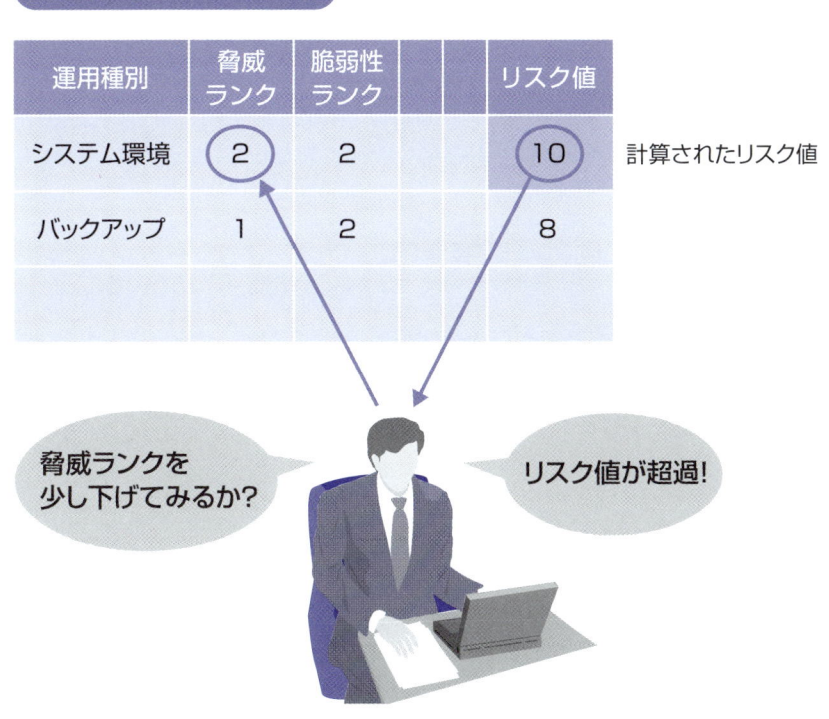

脅威ランクを少し下げてみるか？

リスク値が超過！

単なる数値の上げ下げ

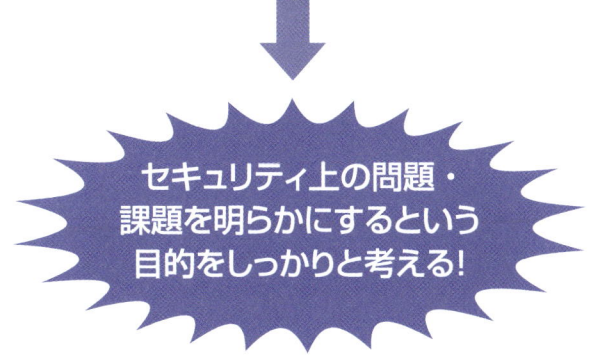

セキュリティ上の問題・課題を明らかにするという目的をしっかりと考える！

第4章 サイバーセキュリティポリシーの策定手順

4-4 セキュリティにおける課題とリスク分析

▶▶ リスク分析の手法① ベースライン分析

リスク分析には様々な手法があり、例えば**ベースライン分析**もその中の１つです。ベースライン分析は、ベースラインアプローチやギャップ分析とも呼ばれ、セキュリティ対策上でクリアすべき基準（ベースライン）を策定し、その基準から実施状況をチェックするものです。

基準としては、社内外の標準的な規定や業界ルールなどを参考に作成します。

以下に、基準となるサンプルをあげます。

▼ネットワークの分割管理についての基準（例）

No.	内容	点数
1	システムのリスクレベルに応じたネットワーク分割のための設計標準が決められているか？	3・2・1・0
2	リスクの高いシステムは、異なるリスクレベルのネットワークから分離・隔離されているか？	3・2・1・0
3	リスクの高いシステムが接続されるネットワークでは、不要な通信をブロックするためのファイアウォール機器等が適切に設置されているか？	3・2・1・0

▼評価尺度

点数	評価
3	実施できている
2	8割程度できている
1	5割程度できている
0	まったくできていない

ベースライン分析のメリットは、リスク分析のチェックリストをもとに、達成度合を確認していく作業なので、実施が比較的に容易なことです。

反対にデメリットは、未知のリスクや、企業特有のリスクに対応できないことです。参考となる規定類がない、または自社に適していない場合、基準そのものが適切に設定しづらいことがあります。

ベースライン分析（例）

カテゴリ	管理目的	運用	システム	実施内容	評価
機器管理	機器の移動	○	−	可搬できるノートPCは、ワイヤーロックなどの盗難対策を実施しているか？	1
		○	−	ノートPCを事務所から持ち出す場合、管理者の承認を得ているか？	2
			○	A資産を取り扱うノートPCは、ハードディスクを暗号化しているか？	3
		○	−	A資産に該当するシステム機器を事業所外に設置する場合、管理責任者の許可を得ているか？	1
		○	−	A資産に該当するシステム機器を事業所外に持ち出す場合、安全管理措置についての規定を整備しているか？	3
		○	−	A資産に該当するシステム機器を事業所外に持ち出す場合、記録を取得しているか？	1

4-4 セキュリティにおける課題とリスク分析

▶▶ リスク分析の手法② 詳細リスク分析

　詳細リスク分析は、制御システムに関連する「脅威」「脆弱性」「資産価値」からリスクを評価する手法です。

　大きな流れとしては、

> 1 リスクを特定する
> 　　↓
> 2 リスクを分析する
> 　　↓
> 3 リスクを評価する

の3段階に分かれます。それぞれを見ていきましょう。

1 リスクを特定する

　まずリスクとして分析の切り口となるキー項目を決めます。大きく別けて、資産ベースとプロセスベースの2つのアプローチがあります。

①資産ベース

　資産台帳から分析の対象とする資産をピックアップします。例えば、○○○サーバー、△△△データベース、□□□ファイアウォールなどです。

②プロセスベース

　業務・作業プロセスから分析の対象とする活動をピックアップします。例えば、○○○加工作業、△△△精製処理、□□□保守作業などです。

　次にそれぞれの資産やプロセスから、そこに潜む脆弱性（弱点）と脅威（損害を与える事象の原因）を特定していきます。

　リスクの特定とは、資産やプロセスの脆弱性を突き、脅威によってもたらされる損害の可能性を定めることです。

4-4 セキュリティにおける課題とリスク分析

詳細リスク分析(例)

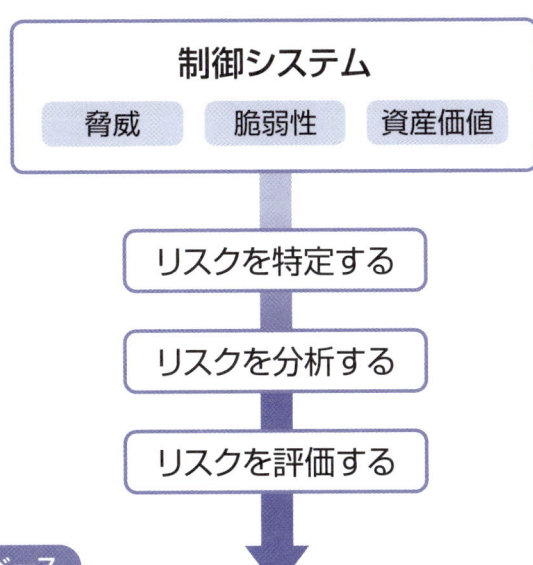

制御システム
- 脅威
- 脆弱性
- 資産価値

↓

リスクを特定する

リスクを分析する

リスクを評価する

プロセスベース

プロセス名	プロセス内容	脆弱性		脅威	資産価値	リスク値
PLCプログラムの保守	トラブル時に、開発ツールで強制的にデバイスメモリを操作する	操作手順が曖昧である	1	誤ってデバイスメモリを書き換える	2	3	9
	プログラムのバックアップ	手順どおりに作業が行われない	1	バックアップ媒体を取り違える	1	3	6

4-4 セキュリティにおける課題とリスク分析

2 リスクを分析する

特定したリスクから「脅威」「脆弱性」の大きさを数値化し、「資産価値」を考慮してリスク値を求めます。例えば、以下のような計算式でリスク値を求めます。

$$リスク値 = (脅威レベル + 脆弱性レベル) \times 資産価値$$

3 リスクを評価する

リスク分析した結果から、そのリスクをどう取り扱うかを検討します。例えば、「積極的に対策をとる」「そのまま様子を見る」などです。

この詳細リスク分析のメリットは、想定される脅威や脆弱性、資産価値の重要性を考慮するため、現状を適切に把握することができ、有効性の高い対策につながる点です。

一方、デメリットはベースライン分析と比べると、分析作業に多くの時間や労力を必要とすることです。また、対象業務の内容に精通していることはもちろんのこと、リスク分析に関して一定の経験・知識も必要となります。

▶▶ リスク分析の手法③ 組み合わせアプローチ

組み合わせアプローチは、ベースライン分析と詳細リスク分析を組み合わせ、「いいとこ取り」をする手法です。例えば、以下のような組み合わせです。

---

1 まずベースライン分析で全体を網羅する
   ↓
2 ベースライン分析の結果を踏まえ、一定のリスク水準以上となった管理項目などを対象に、詳細リスク分析を実施する

これにより、それぞれのリスク分析手法のメリットを享受しながらデメリットを補完することで、有効性の高いリスク分析につながります。

4-4 セキュリティにおける課題とリスク分析

組み合わせアプローチ（例）

ベースラインリスク分析

カテゴリ	管理目的	運用	システム	実施内容	評価

ベースラインリスク分析で
一定の評価値を超えた事項

詳細リスク分析

プロセス名	プロセス内容	脆弱性	脅威	資産価値	リスク値

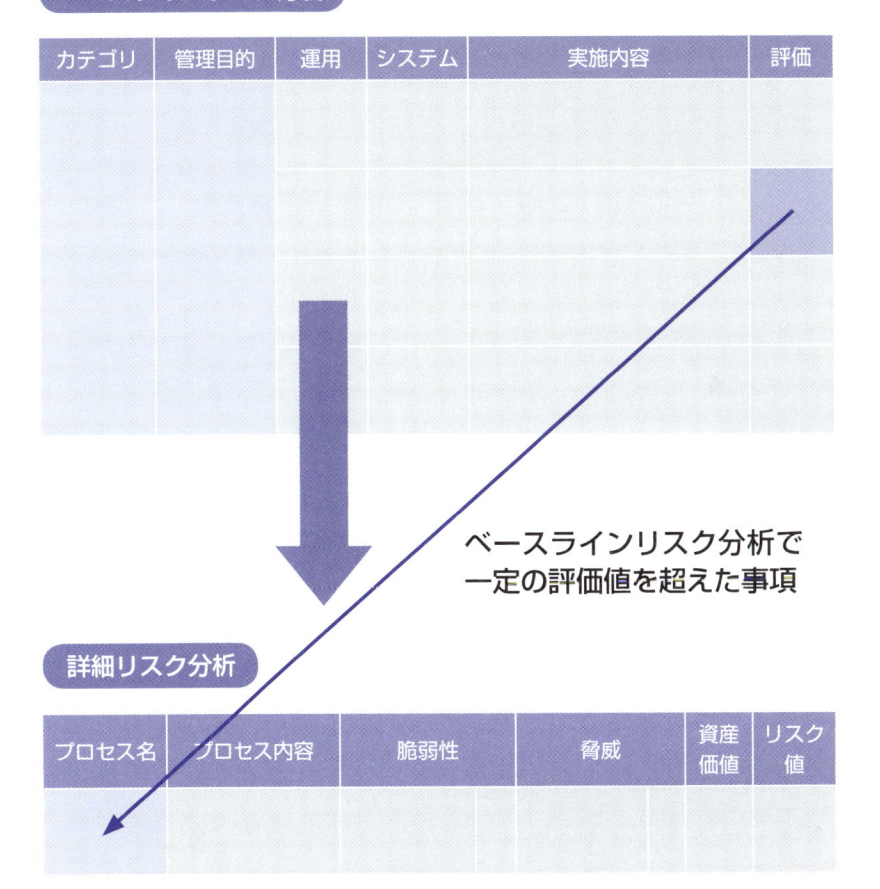

それに該当するプロセスに焦点を当て、詳細リスク分析を行う

> ベースライン分析と詳細リスク分析のメリットを享受しながら、デメリットを補完できる

第4章 サイバーセキュリティポリシーの策定手順

4-5 セキュリティ管理策の実装

サイバーセキュリティのリスクが明確になったら、次にその対策を検討します。ただし、リスクを完全にゼロにすることは、現実的には不可能です。システム全体を俯瞰し、リスクの大きさに応じてバランスのとれた対策を行うことが重要です。

▶▶ リスク対応の選択肢（低減・移転・回避・保有）

リスク対応とは、リスク分析の結果をもとに、どのような方向性で対策を検討していくかを決めることです。

大きく4つの選択肢があります。

●リスク低減

対策をとることでリスクを低下させます。例えば、セキュリティ対策製品を導入することや、作業ミスをなくすために手順を整備することなどです。

●リスク保有

対策をとらずにリスクとして受容します。例えば、そもそも有効な対策自体が存在しない、または対策のコスト（労力、費用）が膨大で効果が見合わないなどです。

●リスク移転

リスクを外部へ移すことです。例えば、損害が発生した費用を補填する保険を契約することや、該当の作業をアウトソーシングすることなどです。ただし、移転できるリスクは限られます。

●リスク回避

リスク発生の要因となることを止めることです。例えば、リモート保守に関するリスクに対して、リモート保守そのものを禁止することです。

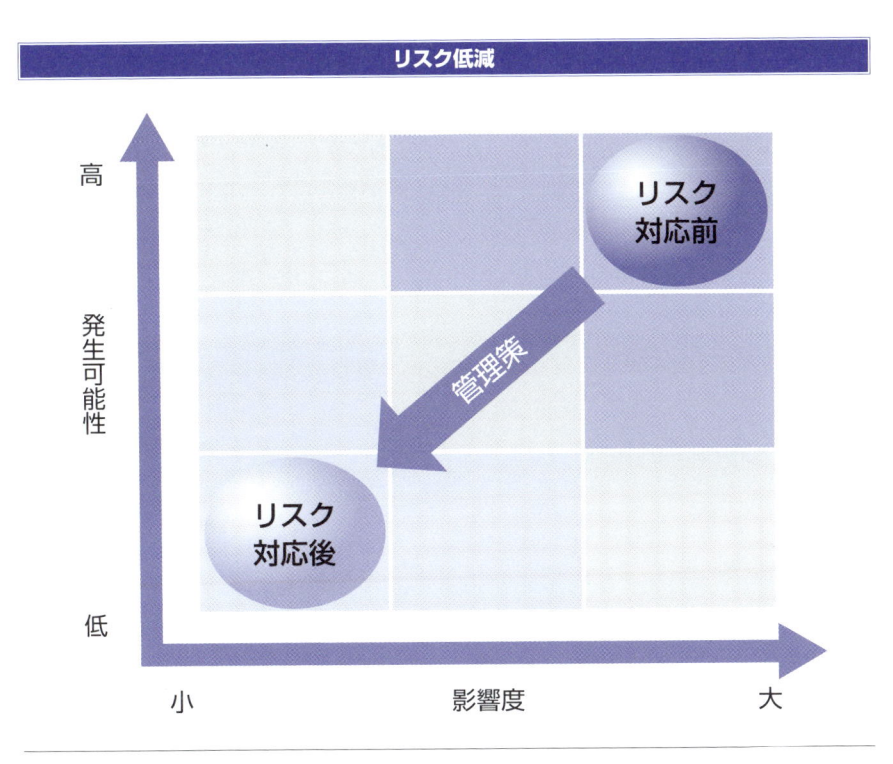

4-5 セキュリティ管理策の実装

リスク対応の選択肢

- 低減
- 保有
- 移転
- 回避

リスク低減

発生可能性：高 ～ 低
影響度：小 ～ 大

リスク対応前 → 管理策 → リスク対応後

第4章 サイバーセキュリティポリシーの策定手順

▶▶ リスクの受容基準

　リスク分析の結果、定量化して求めた**リスク値**の大きさにより、リスク対応の要否を判断します。その判断の評価基準として、あらかじめリスクの**受容基準**を決めておきます。

　以下に受容基準の一例をあげます。

---

①リスク値が「6」以下のリスクは、保有する。
②リスク値が「8」「9」の場合は、資産価値、脅威・脆弱性を考慮して、受容の可否を決定する。
③リスク値が「10」以上の場合は、「リスク低減」「リスク移転」「リスク回避」の対応をとり、リスク値を「6」以下に低減する。
④リスク値が「10」以上で、リスク値を受容基準以下に低減させることが事業上の理由などにより不可能である場合は、企業および組織として審議を行い受容の可否を決定する。

　リスクが受容できない場合、**リスク低減**がリスク対応の基本となります。つまり、有効な対策をとってリスク値を下げるということです。

　リスク移転は、資金面での手当となる保険が中心となり、実際に適用できるケースは少ないと思います。

　また**リスク回避**は、何かを止めることになるため、事業への影響を考えると難しい選択肢になるはずです。

　では、リスク低減に向けて、具体的にどのような対策を行えばよいのでしょうか。それは、次の**リスク管理策**で検討します。

4-5 セキュリティ管理策の実装

リスクの受容基準（例）

脅威		1			2			3	
脆弱性		1	2	3	1	2	3	1	2	3
資産価値	1	2	3	4	3	4	5	4	5	6
	2	4	6	8	6	8	10	8	10	12
	3	6	9	12	9	12	15	12	15	18

□ 原則受容　□ 受容可能　■ リスク対応

リスク対応の選択肢

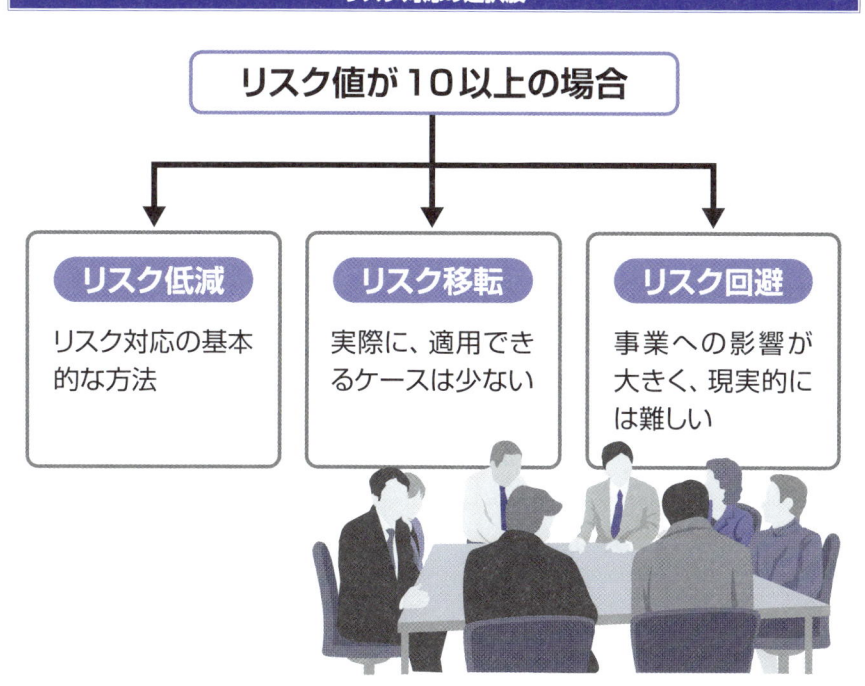

リスク値が10以上の場合

- **リスク低減**
  リスク対応の基本的な方法

- **リスク移転**
  実際に、適用できるケースは少ない

- **リスク回避**
  事業への影響が大きく、現実的には難しい

第4章　サイバーセキュリティポリシーの策定手順

▶▶ リスク管理策をどのように適用すべきか

　リスク低減の対応のためには、具体的にどのような対策を取ればいいのでしょうか。その検討を進めるには、まずガイドラインとなるセキュリティ対策基準や標準管理策集などを参考に、必要な**リスク管理策**を選択するのが有効です。

　リスク管理策とは、具体的なリスク対策を検討する際の「手引き」です。例えば、システムのアクセスを制限するためには、以下の方法が考えられます。

> ①利用者の登録・削除のルールや手順を決める。
> ②利用者へのアクセス権設定のルールや手順を決める。
> ③システム管理者の特権を制限・管理する。
> ④パスワード発行のルールや手順を決める。
> ⑤アクセス権の設定を責任者が定期的にレビューする。

　このリスク管理策をもとに、企業内の運用状況に適した具体的な対策へと落とし込んでいくのです。

　④の「パスワード発行のルールや手順」の具体例では、初期パスワードの伝達をどのように行い、初回ログオン時と一定期間経過でパスワードの変更を求め、もしパスワードを忘れた場合はどのように再発行するか等です。

　しかしながら、IT技術の進展により、セキュリティの脆弱性や脅威は変化していきます。よって、参考とするガイドラインから、適切なリスク管理策が見つからないことも当然ながら出てきます。

　例えば、ここ近年では、生産現場でのクラウド活用なども少なからず出始めています。しかし、制御システムのクラウド活用に関する一般的なセキュリティガイドラインはまだないはずです。その場合は、自社でリスク管理策の検討から行う必要があります。

　もし、自社にセキュリティに関するノウハウ・経験が不足している場合は、外部の専門家に協力を要請するのも1つの手段です。

4-5 セキュリティ管理策の実装

リスク管理策の適用（例）

プロセス名	プロセス内容	脆弱性		脅威		資産価値	リスク値
PLCプログラムの保守	トラブル時に、開発ツールで強制的にデバイスメモリを操作する	操作手順が曖昧である	2	誤ってデバイスメモリを書き換える	2	3	12

低減

脆弱性		脅威		資産価値	リスク値
	1		1	3	6

リスク対策の検討
- 具体的な操作手順を整備する
- 2人ペアで確認・操作する

リスク管理策の参照
- システム変更管理手順の確立
- システム変更が及ぼす影響のレビュー

4-5　セキュリティ管理策の実装

▶▶ CSMS認証基準の参照

　CSMS認証基準とは、後述するCSMS（サイバーセキュリティマネジメントシステム）に関する企業内の管理レベルが一定水準であることを、第三者が客観的に評価するためのものです。

　公開されている「CSMS認証基準のガイド」では、その第5章に**詳細管理策**として、リスク管理策の参考となるものが合計73個ほど規定されています。これを参考にすれば、より効果的な対策の検討につながるでしょう。

　一例として、CSMS認証基準に規定される管理策の項目を以下に挙げます。

5.3「物理的及び環境的セキュリティ」へ規定される管理策
　①5.3.1　補助的な物理的セキュリティ及びサイバーセキュリティポリシーの確立
　②5.3.2　物理的セキュリティ境界の確立
　③5.3.3　入退管理の実施
　④5.3.4　環境的損傷からの資産の保護
　⑤5.3.5　セキュリティ手順に従うことの従業員への要求
　⑥5.3.6　接続の保護
　⑦5.3.7　機器資産の保守
　⑧5.3.8　監視及び警報の手順の確立
　⑨5.3.9　資産を追加、除去及び廃棄する手順の確立
　⑩5.3.10　重要資産の暫定的保護のための手順の確立

5.4「ネットワークの分割」へ規定される管理策
　①5.4.1　ネットワーク分割アーキテクチャの策定
　②5.4.2　高リスクIACSの隔離又は分割の採用
　③5.4.3　障壁装置による不要な通信のブロック

4-5　セキュリティ管理策の実装

CSMS認証基準の詳細管理策

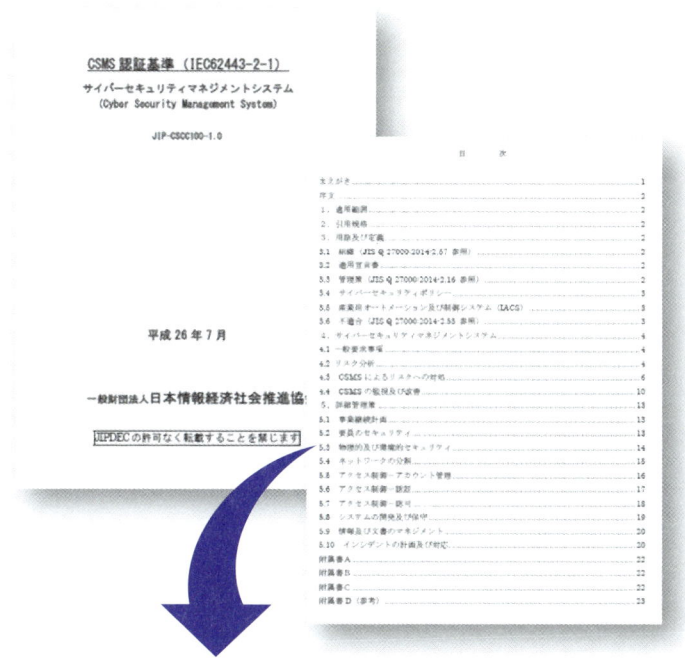

CSMS認証基準（IEC62443-2-1）
サイバーセキュリティマネジメントシステム
(Cyber Security Management System)

JIP-CSCC100-1.0

平成26年7月

一般財団法人 日本情報経済社会推進協会

JIPDECの許可なく転載することを禁じます

5．詳細管理策	13
5.1　事業継続計画	13
5.2　要員のセキュリティ	13
5.3　物理的及び環境的セキュリティ	14
5.4　ネットワークの分割	15
5.5　アクセス制御－アカウント管理	16
5.6　アクセス制御－認証	17
5.7　アクセス制御－認可	18
5.8　システムの開発及び保守	19
5.9　情報及び文書のマネジメント	20
5.10　インシデントの計画及び対応	20

リスク管理策の参考にできる

［出典］情報マネジメント推進センター /CSMS認証取得に関する文書/CSMS認証基準
(http://www.isms.jipdec.or.jp/csms/doc/JIP-CSCC100-08d.pdf)

第4章　サイバーセキュリティポリシーの策定手順

▶▶ 残留リスクの管理

　通常、リスク低減で対策を取ったとしても、完全にリスクをゼロにすることはできません。またリスク保有を選択した場合、当然ながらそのままリスクは残ります。このように、リスク対応した後に残るリスクを**残留リスク**と呼びます。

　残留リスクは明確にし、管理することが重要ですが、その方法としてあげられるのが以下の2点です。

●対策の効果を明確にする

　リスクを低減した場合の効果を計るためです。対策にはコスト（労力や費用）がかかります。この費用対効果を評価するためにも、単に受容レベルまで下がっただけでなく、「どの程度の低減につながるのか」という残留リスクの大きさをきちんと把握する必要があるのです。

●モニタリングを強化する

　リスクが大きくても、対策に関してコストが膨大にかかり、現実的に実施が難しいことがあります。リスク保有によって受容することになると、そのリスクの抱えながら事業活動を行うことになります。その場合、リスクをまったく無視するわけではなく、リスクによる影響がないかどうかを定期的にモニタリングすることが重要です。

　対象となる残留リスクを明確にし、優先付けを行って監視の強化を図ります。

　残留リスクが大きいものは、事業活動上の**経営リスク**として、経営トップがしっかりと認識する必要があります。

　また現場では、経営層へ残留リスクを適切にレビューし、承認を得ることが重要です。もしモニタリングの結果、関連する脅威や脆弱性の増大、セキュリティの弱点などが見つかった場合、速やかな報告が求められます。

4-5 セキュリティ管理策の実装

残留リスク

経営トップ

↓ 承認

残留リスク

脆弱性	脅威	資産価値	リスク値
1	1	3	6

リスク対応前 → リスク対策 → リスク対応後

変化がないか定期的にモニタリング

セキュリティ担当者

4-6 社員教育の実施計画

　サイバーセキュリティ対策のベースは、人の活動です。また、セキュリティ事故の多くは人に起因しています。サイバーセキュリティポリシーを企業内に浸透させるためには、社員の教育訓練が必須です。その確実な実施につなげるためには、あらかじめ必要な教育計画を立案することが重要です。

▶▶ セキュリティ事故の人為的要因

　セキュリティ事故の多くは、**人為的要因**に原因があることは、みなさんも十分認識されていると思います。一般的な情報システムでの情報漏洩に関しては、約8割が人に関わる原因だとの調査結果もあるほどです。

　セキュリティ分野では、このような人間の心理的な隙や、行動のミスにつけ込んで攻撃する方法を**ソーシャルエンジニアリング**と呼びます。例えば、裁断機にかけずそのまま廃棄した紙ゴミの中から重要情報を読み取り、ネットワークへの不正侵入などを試みるケースなどです。

　近年、ニュースなどで話題となり、注目をあびる**標的型攻撃**に関しても、高度な攻撃を受けることになったきっかけは、ソーシャルエンジニアリングの可能性がかなり高いと言えます。

　例えば、「不注意によりマルウェアを含んだ添付ファイルを開けてしまった」「興味本位で偽サイトへのURLリンクをクリックしてしまった」などです。これによりバックドア*が作成され、そこから攻撃が始まります。

　では、制御システムの場合はどうでしょうか。例えば、よくあるのが「マルウェアに感染したUSBメモリを接続した」「メンテナンスのために外部から持ち込んだPCを、安易にネットワークへ接続した」「許可なくモバイルルータが設置され、インターネット経由でリモート保守が行われていた」というケースです。

　やはり、人為的要因が大きそうです。

＊バックドア　コンピュータに侵入するためのセキュリティ上の裏口のこと。

4-6 社員教育の実施計画

人為的な要因が大きい

情報システム

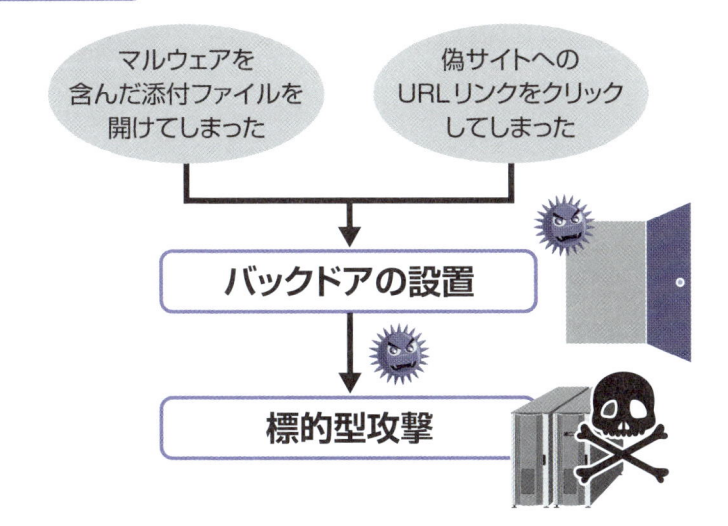

- マルウェアを含んだ添付ファイルを開けてしまった
- 偽サイトへのURLリンクをクリックしてしまった

↓

バックドアの設置

↓

標的型攻撃

制御システム

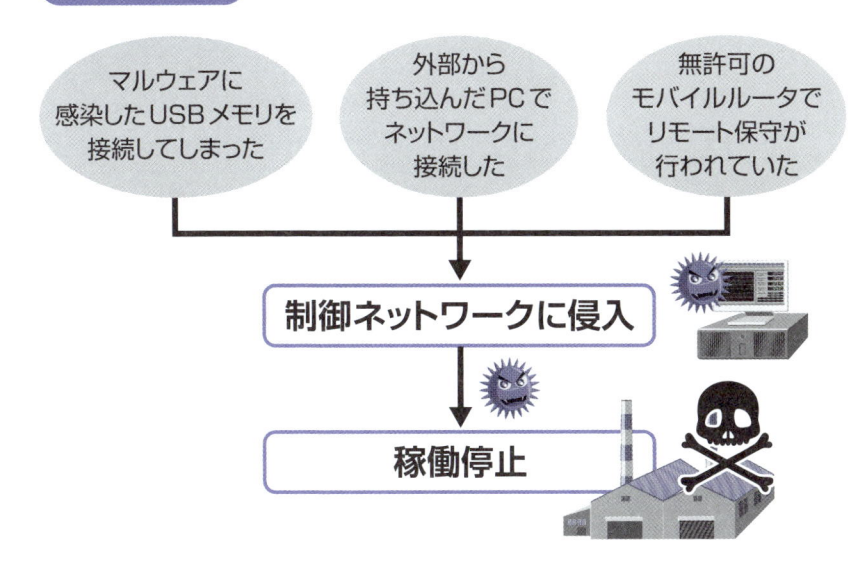

- マルウェアに感染したUSBメモリを接続してしまった
- 外部から持ち込んだPCでネットワークに接続した
- 無許可のモバイルルータでリモート保守が行われていた

↓

制御ネットワークに侵入

↓

稼働停止

▶▶ 企業・組織としてのセキュリティマネジメントの重要性

　少し視点をセキュリティ管理から上の方に向けてみましょう。企業および組織として管理の最上位に位置するのは**経営管理**です。

　経営管理とは、企業の目的を達成するために、経営資源（人、モノ、金）を効果的に調達、配分、活用する諸活動のことです。特に経営資源としては、主体的に行動する**人（人的資源）**が重要です。人を組織化して協働させ、能力を発揮させる仕組みをいかに構築・運用するのか、これこそがマネジメントシステムの重要な役割です。

　この経営管理レベルでのマネジメントシステムを、セキュリティの側面からブレークダウンしたものが**セキュリティマネジメントシステム**です。そしてこれをさらに制御システムへと焦点を絞ったのが**サイバーセキュリティマネジメントシステム**になります。つまり、企業内の重要な制御システムをセキュリティリスクから守るための企業活動の仕組みです。

　企業の経営業績を向上させるには、マネジメントシステムを構築し、それを適切に運用することが有効です。企業・組織としての能力を高め、優れた製品やサービスの提供につながるからです。では企業内のセキュリティを向上させるためには、どうすれば良いでしょうか。それは制御システムに焦点を絞ると、サイバーセキュリティマネジメントシステムの構築・運用が有効となります。企業内のサイバーセキュリティ活動を促進し、有効なセキュリティ対策へとつなげ、リスクの低減を図るのです。

　優れたセキュリティ対策製品を導入するにしても、人の関与なしには実現できません。また、リスク分析１つとっても、コンピュータが全自動で答えを出してくれるわけではありません。人が注意してチェックするなど、人的面でのリスク対策もたくさんあります。つまり、**セキュリティ対策の中心は人**なのです。

　とかくセキュリティ対策というと、技術的な面にばかりに注目が集まりがちです。高度なアルゴリズムを駆使した検知システムなどの製品を導入すれば、セキュリティは万全だと思われることも多いでしょう。しかしながら、実際に発生したセキュリティ事故の多くは、人を起因とするソーシャルエンジニアリングが大きく関与しています。まずはセキュリティ対策の活動基盤として、セキュリティマネジメントが重要になることを、ぜひご理解ください。

4-6 社員教育の実施計画

マネジメントシステムが重要

サイバーセキュリティ側面でのマネジメント

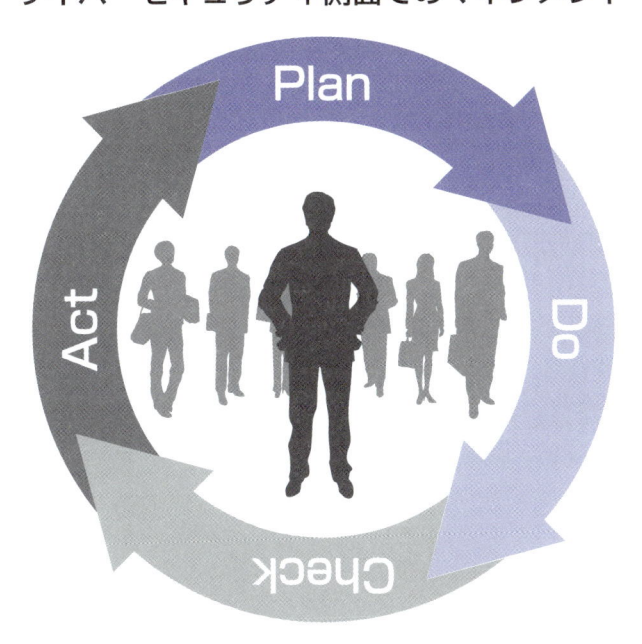

Plan → Do → Check → Act

セキュリティ事故の多くは、人為的要因が大きい

⬇

セキュリティ対策の中心は人

社員の役割① 経営トップに求められるもの

　サイバーセキュリティポリシーの構築・運用では、組織的な統制のために、トップダウンの体制が求められます。**経営トップ**がリーダーシップを発揮してセキュリティ対策の方向性を示し、一人ひとりの社員を一致団結させる必要があります。

　例えば、工場長が「制御システムのセキュリティって本当に必要なの？」という態度を取っていたら、はたして現場の社員は本気でセキュリティ対策に取り組むでしょうか。

　また、サイバーセキュリティポリシーの運用を進めるには、労力として必要な要員を確保したり、セキュリティ対策製品の導入に必要な予算を確保したり、経営資源の適切な配分が必要になります。これも経営トップの重要な役割です。

　さらに企業活動を行うためには、全社的な組織管理体制の整備が求められます。具体的には、人の役割を決めたり、必要な権限を与えたり、果たすべき責任を明確にするなど、体制を整備する必要があります。

　これはセキュリティ管理面でもまったく同じです。また、関係する人が増えれば、部署や部門のようなグループ分けやコミュニケーションの確立も必要です。

　ただし、セキュリティ対策を専任する要員を集めることは、現実的に難しいでしょう。そのため、それぞれ関連する部門などから兼務する担当者を選任することになります。

　例えば、サイバーセキュリティポリシーでは、以下の体制を決める必要があります。

●サイバーセキュリティ委員会
　サイバーセキュリティに関する意思決定などを行う経営トップを含めた活動体です。工場長や関連する部門長などで構成されることが望ましいでしょう。

●サイバーセキュリティ事務局
　サイバーセキュリティに関する実務を担当するメンバーを集めた活動体です。製造部、生産管理部、生産技術部、設備管理部などから広くメンバーを選出すると効果的です。

4-6　社員教育の実施計画

経営層の役割

①セキュリティ対策に関わる方向性を示す

③セキュリティ対策製品の予算を確保する

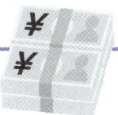

経営トップ

②必要な要員を確保する

④セキュリティ管理体制を整備する

サイバーセキュリティ委員会とサイバーセキュリティ事務局

サイバーセキュリティ委員会		サイバーセキュリティ事務局
サイバーセキュリティに関する意思決定を行う	活動内容	サイバーセキュリティに関する実務を行う
経営トップを含めたメンバー	メンバー	関連部署から広く選出したメンバー

▶▶ 社員の役割② 管理者に求められるもの

　経営トップから任命され、サイバーセキュリティポリシーの運用全般に責任を持つのが**管理責任者**です。例えば、工場長を現場のトップだとすると、製造部長クラスが管理責任者となることが多いのではないでしょうか。
　管理責任者に求められるのは、以下の能力です。

> ①サイバーセキュリティの重要性を理解し、経営者の視点で指示ができること。
> ②サイバーセキュリティと事業活動のバランスをとった判断ができること。

　また、**システム管理者**は、制御システムへのアクセスに特権を持ち、システムの運用管理に責任を持ちます。サイバーセキュリティポリシーでは、企業内の情報システムの管理者とは別に、制御システムの構築・運用に精通したシステム管理者を任命するのが望ましいです。
　システム管理者には、以下の能力が求められます。

> ①制御システムの開発・導入に関して、専門的な観点から支援ができること。
> ②サイバーセキュリティのインシデント発生時に、関係者との連携を図り、適切な対処や対策の支援ができること。

　さらにセキュリティ対策の運用状況を、客観的に評価・チェックできる専門的な要員が**内部監査員**です。
　サイバーセキュリティポリシーを直接運用する部門以外から選ばれることが望ましいです。また、監査という視点での専門スキルや経験を備えていることが望まれます。例えば、品質管理部門など間接部門のスタッフから選任するなどです。
　内部監査員には、以下の能力が求められます。

> ①サイバーセキュリティに関する各種の標準規格や基準が理解できること。
> ②企業内のサイバーセキュリティポリシーを把握していること。
> ③監査の視点で、適切に適合・不適合の評価ができること。

4-6　社員教育の実施計画

管理者の役割

セキュリティ管理責任者

運用全般に責任を持つ

①サイバーセキュリティの重要性を理解し、経営者の視点で指示ができること
②サイバーセキュリティと事業活動のバランスをとった判断ができること

内部監査員

運用状況を客観的に評価・チェックする

①サイバーセキュリティに関する各種の標準規格や基準が理解できること
②企業内のサイバーセキュリティポリシーを把握していること
③監査の視点で、適切に適合・不適合の評価ができること

システム管理者

システムの運用管理に責任を持つ

①制御システムの開発・導入に関して、専門的な観点から支援ができること
②サイバーセキュリティのインシデント発生時に、関係者との連携を図り、適切な対処や対策の支援ができること

4-6 社員教育の実施計画

▶▶ 社員の役割③　一般社員に求められるもの

　サイバーセキュリティポリシーは全社的な取り組みであるため、経営トップ、管理者だけでなく、それぞれの社員にも求められる役割があります。

●運用部門の社員

　サイバーセキュリティポリシーの内容を理解し、実際の運用を実施します。決められたルールや手順を遵守し、何かセキュリティ上の問題を発見した際には、その報告を漏れなくあげることが求められます。

　また、運用の一部を協力会社へ委託している場合は、それらの企業の社員も運用の対象となります。

●設備管理部門の社員

　サイバーセキュリティポリシーに基づき、制御システムの開発・導入・保守面での対応を行うのが主な役割となります。その役割の多くを外部のベンダー企業へ委託する場合は、それらの企業の社員も対象に含まれます。

●技術管理部門の社員

　サイバーセキュリティポリシーの策定や、その維持管理を行う「サイバーセキュリティ事務局」のリーダー的な立場を担います。サイバーセキュリティマネジメントのPDCAを回しながら継続的な改善を図るために、縁の下の力持ちとなるスタッフ的な役割が求められます。

　ここで課題となるのが、外部の協力会社やベンダー等の社員に対するセキュリティ要件です。現実的には自社の社員と同等な教育レベルを求めるのが難しいはずです。理想的には外部の協力会社やベンダーにおいても、自社と同様なサイバーセキュリティマネジメントシステムを構築・運用してもらい、その融合を図ることが効果的です。

4-6 社員教育の実施計画

社員の役割

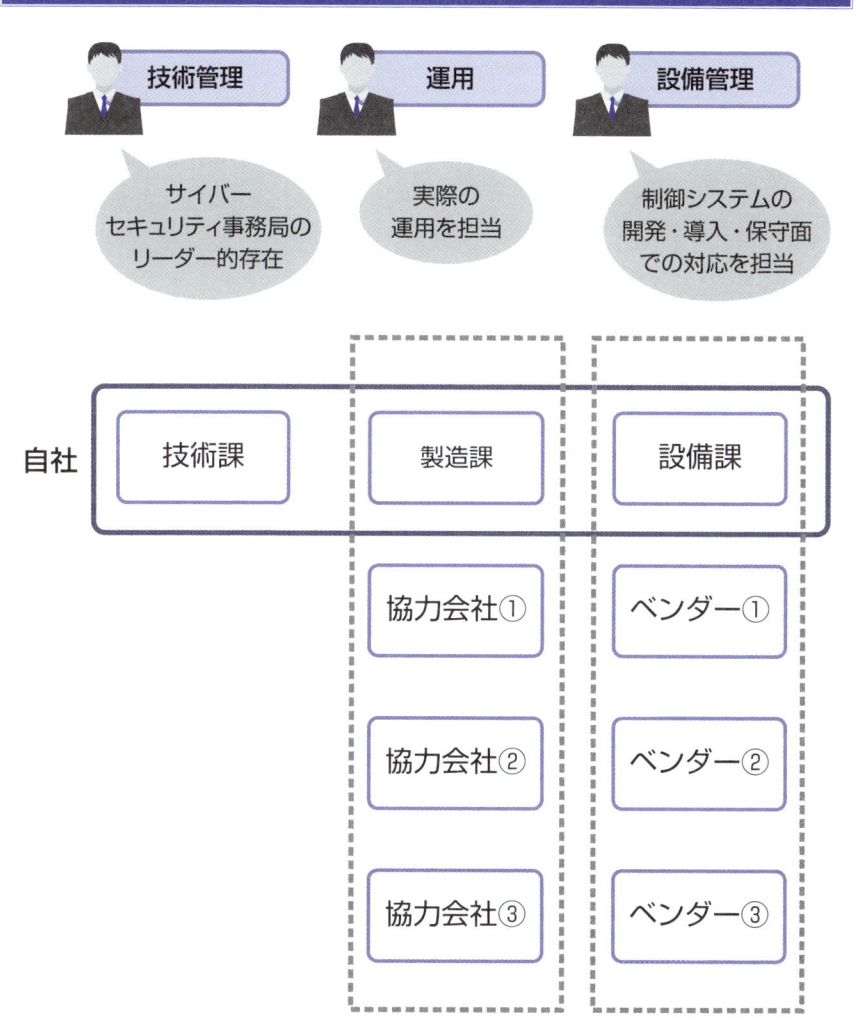

技術管理: サイバーセキュリティ事務局のリーダー的存在

運用: 実際の運用を担当

設備管理: 制御システムの開発・導入・保守面での対応を担当

自社: 技術課 / 製造課 / 設備課

協力会社①　ベンダー①
協力会社②　ベンダー②
協力会社③　ベンダー③

社外の関係者が含まれる

4-6 社員教育の実施計画

▶▶ 社員へのセキュリティ教育の実施

　繰り返しになりますが、セキュリティ管理の中心は**人**です。つまり、社員をいかに教育していくかで、セキュリティ対策の有効性は大きく変わります。また、それぞれの社員に求められる役割や力量は、前述したように担当する業務に応じて変わります。

　サイバーセキュリティポリシーでは、対象者に応じた**セキュリティ教育**のため、研修計画をあらかじめスケジュールし、その実施を確実にする必要があります。

　なお、社員の研修計画をスケジュールする際、その実施時期の設定（年間計画）が重要となります。例えば、以下のようなタイミングです。

●新入社員配属時
新入社員研修のプログラムに含めます。

●社員の部門異動時
部門異動後速やかに実施します。

●社員の継続教育
最低年１回実施します。未受講者が出ないように複数日の開催を計画すると良いでしょう。

●専門教育
システム管理や内部監査等、専門的な要員の育成やスキルの維持向上のために、中長期的な視点で計画します。

　対象者の人数が多い場合は、どうしても欠席者が出るなど、スケジュール調整が難しくなります。また、生産現場では、交代制のシフト勤務がとられる、生産ラインは止められないなど、全員が一度に参加できない状況下にあります。したがって現在では、各自のスケジュールに合わせて受講できる、Ｅラーニングを活用した研修も効果的な手段となります。

4-6 社員教育の実施計画

研修計画

1月	2月	3月
4月 新入社員研修	5月	6月
7月	8月	9月 継続研修①
10月 継続研修②	11月 継続研修③	12月

計3回のうち、どこかでもれなく出席のこと！

あらかじめ計画し、確実に実施することが大切

↓

現在では、Eラーニングも効果的

第4章　サイバーセキュリティポリシーの策定手順

4-6 社員教育の実施計画

▶▶ セキュリティ教育実施の留意点

　生産現場では、自社の**社員以外の関係者**も多く従事しています。例えば、アウトソーシング先の作業者、外部のメーカーやベンダーの技術者などです。これらの関係者に対しての教育も漏れなく実施することが重要です。

　生産現場では、労働安全教育が非常に徹底されています。これと合わせてセキュリティ教育を実施するのも1つの有効な方法だと思います。また、社外の関係者へのサイバーセキュリティに関する要求は、その取引契約書などで明確にすべきです。サイバーセキュリティポリシーの遵守に関する条項を規定し、教育の義務など漏れなく記載します。

　セキュリティ教育では、必要なセキュリティ対策のルールや手順を浸透させることが重要です。ただし、それだけではセキュリティは向上しません。これまで解説してきたとおり、セキュリティ対策の中心は人です。面倒なルールばかりを押し付けられた「やらされ感」をなくし、一人ひとりの社員が積極的にセキュリティ対策に取り組むよう意識を変える必要があるのです。

　そのためには、経営トップがサイバーセキュリティに対するコミットメントを強く示し、リーダーシップを発揮することが重要になります。社員研修では「なぜサイバーセキュリティ対策が重要なのか」を事例などを用いて、何度も繰り返し伝え続けることが大事です。

　一方、システム管理者や内部監査員など、専門的なスキルや経験を持つ人材もセキュリティ教育を行う必要があります。なぜなら、これらの専門的な要員は短期的な育成が難しいからです。要員の交替なども視野に入れながら、中長期的な計画を立てることが望まれます。

　現在のところ、サイバーセキュリティを対象にしたシステム管理者や、内部監査員などの専門研修コースを開催している教育機関がありません。今後、このような人材育成もサイバーセキュリティ面での課題の1つとなります。

4-6 社員教育の実施計画

セキュリティ意識の向上と社外関係者への教育

一人ひとりの意識向上がセキュリティ強度を高める

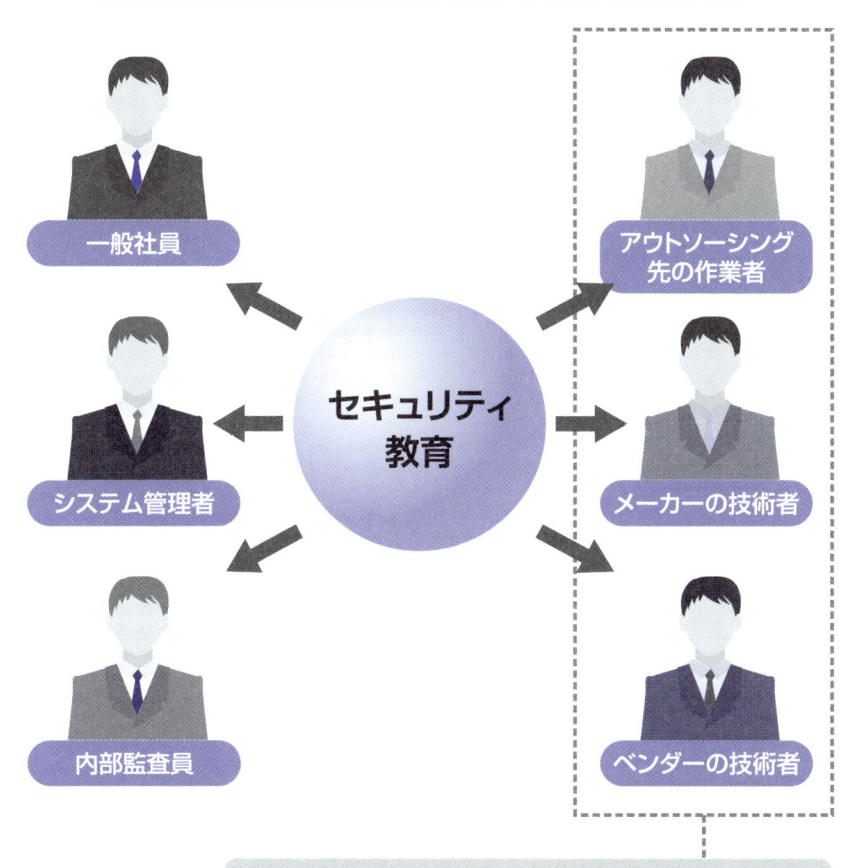

- 一般社員
- システム管理者
- 内部監査員

セキュリティ教育

- アウトソーシング先の作業者
- メーカーの技術者
- ベンダーの技術者

協力会社やベンダーとは、サイバーセキュリティの教育に関する契約事項を明確にすべき

▶▶ セキュリティ教育の効果の測定

　セキュリティ教育は、まず実施することに意義があります。しかし、ただ単に回数を増やすだけでは、効果の維持・向上が図れません。セキュリティ教育の内容が適切なのかどうか、また不備や不足がないのかなど、見直しのヒントを得ることがポイントです。

　教育を実施するごとに対象者のスキルレベルは変わってきますし、時間とともにセキュリティの脅威や脆弱性などの影響も変化してきます。この前まで正しかった内容が、現在では不適切かもしれません。

　そのためには、教育を実施した結果を客観的に測定する必要があります。例えば、実施後に簡易テストを実施したり、あるいは受講のアンケートを書いてもらったりします。そこから実施した教育が有効だったのかどうかを把握し、評価するのです。効果が薄い場合は、教育内容の見直しを行います。とにかく「実施しただけ」に留まらないよう十分注意しましょう。

▶▶ セキュリティ教育の評価の方法

　では、いったい測定した内容をどのように評価すればいいのでしょうか。実際のところ、セキュリティ教育の研修後に簡易テストを実施すれば、クリアすべき合格基準を決めることで定量的に評価が可能です。

　また、研修中に講師から教育内容がしっかり伝わっているか、いくつか質問を投げてもらうことも有効です。研修中の受講状況などを講師コメントとしてまとめてもらい、受講者のアンケート結果とつき合わせて、双方の視点から評価するとさらに効果的です。

　具体的な評価の方法で悩みや不安を感じる場合は、一般的な研修教育に関する手法やノウハウが活用できると思います。社内で人事教育を専門とする部門担当者などの協力を得るのも1つの手段です。

4-6 社員教育の実施計画

教育効果の測定と評価

セキュリティ教育の効果の測定

① アンケート結果

② 簡易テスト

③ 講師の質問　など

↓ 測定した内容

セキュリティ教育の評価

① クリアすべき合格基準を決めておく
　（定量的な評価）

② 講師のコメントから評価する

③ 一般的な研修教育の手法や
　ノウハウを活用する

4-7 インシデントへの対応

サイバーセキュリティマネジメントにおいて、セキュリティ事故を未然に防いだり、万が一、事故が発生した場合の被害拡大を抑えたりと、インシデント対応の役割は重大です。ただし、インシデント対応にはそれ以外に重要な役割があります。継続的な改善につなげるためのヒントをインシデント対応から得るということです。

▶▶ インシデントへの対応手順の確立

インシデントとは本来、出来事や事件、事故、事案、事象、事例など、幅広い意味を持ちます。サイバーセキュリティポリシーにおいては、インシデントは次の2つの意味があります。

- 制御システムに関して、**セキュリティ上でよくない状況が起こった**
  セキュリティ事象の発生を意味します。事後的な状況です。

- 制御システムに関して、**セキュリティ上でよくない状況を見つけた**
  セキュリティ弱点の発見を意味します。予防的な状況です。

ポイントは、ともに重大・重要なものに限らないということです。
セキュリティ管理を行う上で、そこから得られる情報は非常に重要な意味を持ちます。

①セキュリティ事件・事故が発生した場合の早期対応
②セキュリティ事件・事故につながる予兆の発見
③セキュリティ対策や改善のヒントを獲得
④ノウハウや経験の蓄積

実はインシデントは識別すべきものであり、セキュリティ事象とセキュリティ弱点の中から、インシデントとして評価・分類し、必要な対応をとっていくものです。つまり、**インシデント対応**とは、企業としてインシデントを識別することなのです。

インシデントとは

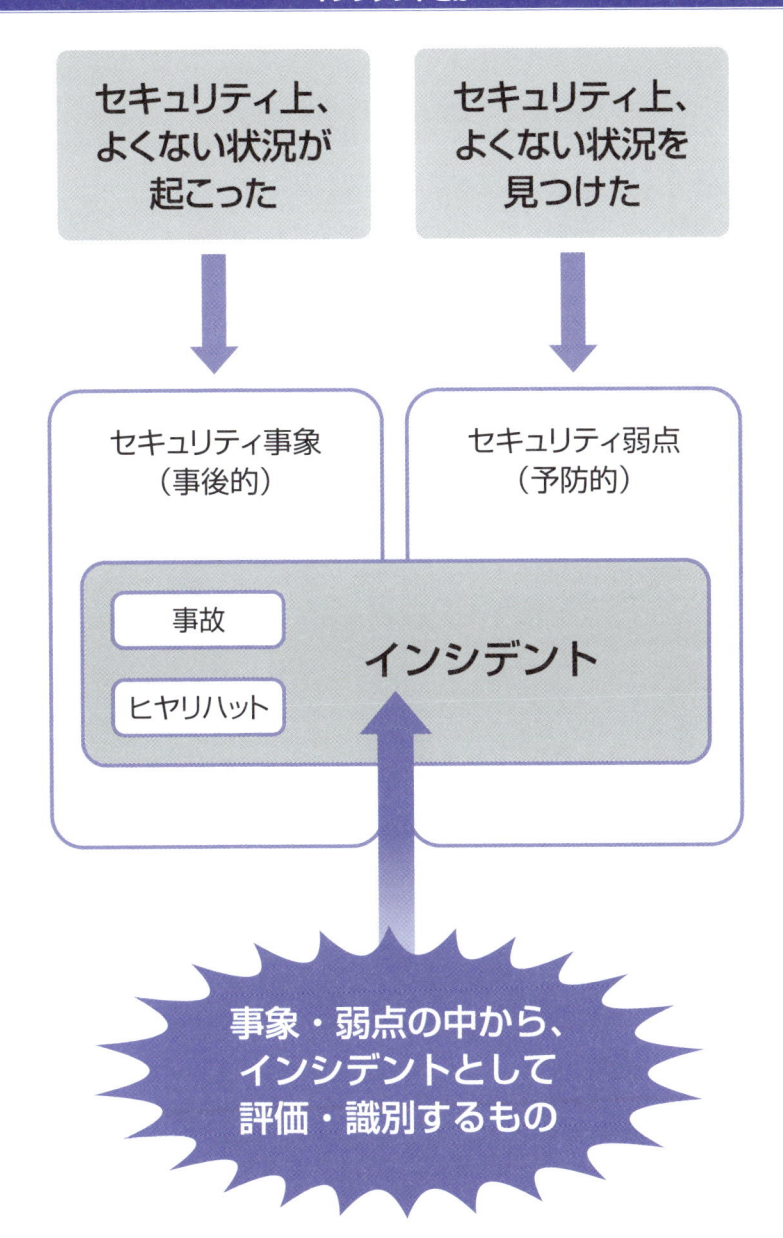

- セキュリティ上、よくない状況が起こった → セキュリティ事象（事後的）
- セキュリティ上、よくない状況を見つけた → セキュリティ弱点（予防的）

セキュリティ事象（事後的）には「事故」「ヒヤリハット」が含まれる。

インシデント：事象・弱点の中から、インシデントとして評価・識別するもの

4-7 インシデントへの対応

▶▶ インシデント管理の流れ

インシデント管理は、企業としてインシデントに関する一連の取り組みや活動を行うことです。

インシデント管理は、以下のような流れで取り組みます。

1 セキュリティ事象・弱点の報告をあげる。
　　　⬇
2 インシデントを識別・記録する。
　　　⬇
3 （必要に応じて）関連する外部機関などに報告する。
　　　⬇
4 対応方法を決める。
　　①企業内への連絡体制（部署、部門など）
　　②企業外への連絡体制（顧客、取引先、関連団体など）
　　③一次対応・応急対応
　　④証拠の確保
　　⑤復旧作業
　　　⬇
5 企業内で情報を共有する。

サイバーセキュリティポリシーでは、このインシデントに関する一連の活動の責任・役割・手順などを決めます。

また万が一、重大な事件・事故となるセキュリティインシデントが起こってしまったら、どのようなことが必要となるのでしょうか。実は盲点となるのが**証拠の確保**です。例えば、標的型攻撃で被害を受けた場合、いつどのような経路で侵入され、どのように感染が拡大したのかなどを把握するために、システムの記録やログをいかに保管・保全しておくかが重要になるのです。あらかじめ必要となるログの管理方法など、明確にしておきましょう。

4-7 インシデントへの対応

インシデント管理とは

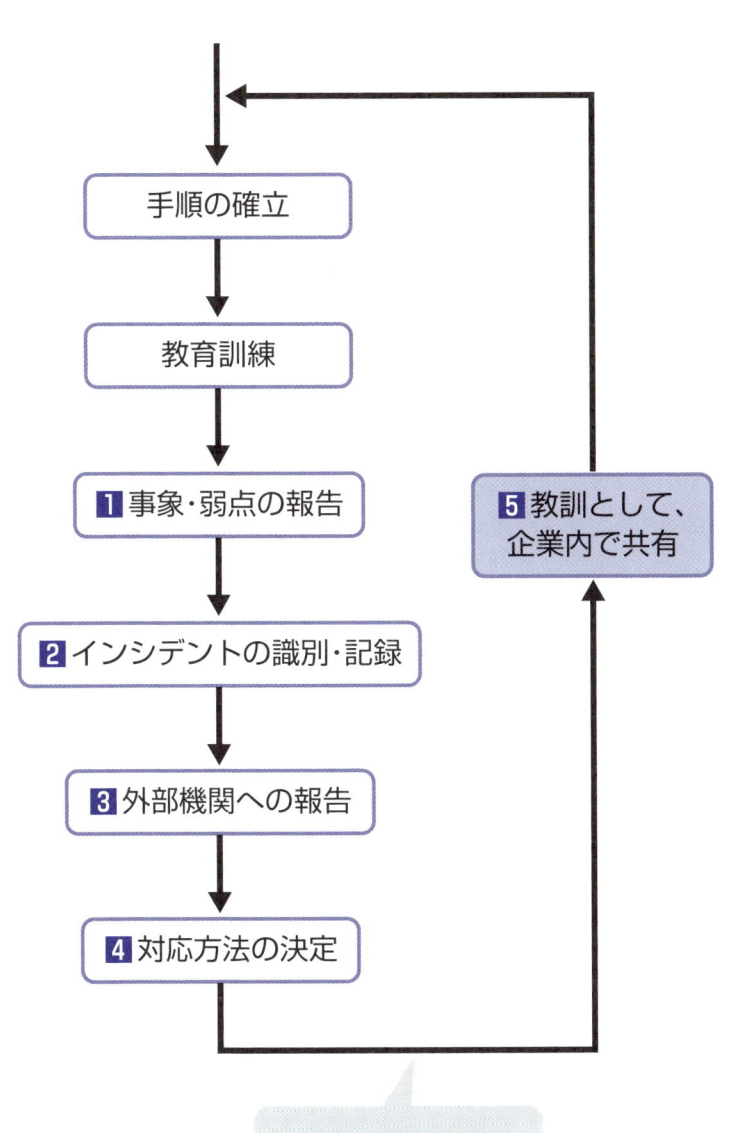

```
        ┌─────────────┐
        │  手順の確立  │
        └──────┬──────┘
               ↓
        ┌─────────────┐
        │   教育訓練   │
        └──────┬──────┘
               ↓
       ┌──────────────┐
       │ ①事象・弱点の報告 │
       └──────┬───────┘
              ↓
      ┌────────────────┐      ┌──────────────┐
      │ ②インシデントの識別・記録 │      │ ⑤教訓として、  │
      └──────┬─────────┘      │  企業内で共有  │
             ↓                 └──────┬───────┘
      ┌────────────────┐              ↑
      │ ③外部機関への報告 │              │
      └──────┬─────────┘              │
             ↓                          │
      ┌────────────────┐              │
      │ ④対応方法の決定  │──────────────┘
      └────────────────┘
```

一連の取り組み

第4章 サイバーセキュリティポリシーの策定手順

4-7　インシデントへの対応

▶▶ インシデントの分類と対応の評価

　　現状では、インシデント識別のベースとなるセキュリティ事象やセキュリティの弱点を報告するのは、おそらく制御システムの運用や保守を行う担当者が多いと思われます。

　　実はその際、些細なことだと報告が省かれ、そのまま見過ごされる可能性が非常に高いのです。重大な事故につながる予兆を掴む、または改善のヒントを得るためには、報告がきっちりとあがる仕組みづくりや体制づくりが必須です。そのためには、担当者に対して「報告の義務」を順守するよう求めるだけでなく、なぜ報告が重要となるのか「報告の意義」を十分伝え、理解や納得を得ることが必要なのです。

　　また、インシデントに関する情報は、企業内の中でよりスピーディーに共有することが重要になります。それにより、関連するシステムへの影響を未然に防げたり、関係者から有効な対策つながるアイデアを得られたりと、高い効果が期待できるからです。例えば、日々の業務ミーティングの中での議題とする、またはグループウェアに情報を登録して周知する方法などが考えられます。

　　では、セキュリティ事象や弱点として報告された情報は、誰がインシデントとして識別するのでしょうか。サイバーセキュリティポリシーの規定としては、サイバーセキュリティ事務局のメンバーで内容の協議を行い、その結果をサイバーセキュリティ管理責任者へ報告して承認を得ることが一般的です。

　　インシデントに分類されると、必要な対策を検討し、実施していくことになります。ここでは、実施担当者・完了予定日・完了日・結果確認者などを決めて、実施の進捗を管理するのがポイントです。対策が予定どおりに完了し、その結果を評価することで、インシデントの対応がクローズするのです。

　　ここで重要なのは、インシデントに分類する／しないに関わらず、一連の情報を適切に記録することです。あらかじめ「インシデント報告書」の様式を準備し、インシデント管理の流れにしたがって内容を記載することで、対応状況の見える化につながるでしょう。

4-7 インシデントへの対応

インシデント報告書（例）

インシデント報告書

事象・弱点事項				
報告者		報告書No.		
作成者		作成日付		年　月　日
対象部門		発生日付		年　月　日
障害時間	時間　　　分	解決日時		年　月　日
【セキュリティ事象・弱点の内容】				
【一次処置・応急処置・緊急処置】				

インシデント評価	分類	□要 ／ □否	評価者	
	【評価内容】			

CSMS事務局長 （サイン）	年　月　日	該当部門責任者 （サイン）	年　月　日

第4章　サイバーセキュリティポリシーの策定手順

▶▶ 証拠としてのログ収集と分析

　　セキュリティインシデントの盲点として証拠の確保をあげましたが、まずは制御システムで、どのような**ログ**が取れるのかの確認が必要です。ログに該当する情報が乏しい、または長期間ログが保存できない制御システムがあるからです。

　　各制御システム機器のログを収集し、長期間の保存やアラーム通知などが可能なセキュリティ対策製品を、別途導入することも有効です。

　　なおマルウェアの中には、その痕跡をなくすためにシステムのログを消去するものが存在します。各種ログの消去や改ざんができないように、アクセス権限を適切に設定することや、ログのバックアップを取るなど、確実なログの保全が重要です。

　　また、ログは事後的な活用だけではなく、予防的な活用も可能です。各種ログを解析することで、セキュリティインシデントの症状をここから掴むのです。

　　ただし、個別のシステムごとに多くのログの種類があり、それぞれ膨大な件数のログが蓄積されています。その中から人手を介した解析は現実的に不可能です。そのため、高度な活用方法として、各種セキュリティログを統合管理・分析するセキュリティ製品の導入が考えられます。ログの相関分析により脅威と思われる症状をいち早く見つけ、重大なインシデントの発生を未然に防ぐことを可能にします。

▶▶ 潜在する予兆を掴むことが重要

　　インシデント管理を厳密に行っていたとしても、万が一、インシデントが発生した場合は、それに対する再発・予防のための対策を取りましょう。ただし、それだけでは不十分です。ほかに類似するセキュリティ上の弱点の発見や、新たなインシデント対応への参考に活かすなど、組織のノウハウ（組織知）として蓄積します。

　　つまりインシデント管理とは、継続的改善のスパイラルアップを回すための活動そのものなのです。改善のためのヒントを発掘し、その対応を取ることでセキュリティレベルの向上が図れるとともに、組織知としてフィードバックされるのです。

　　これらの組織活動が活発になれば、組織としてサイバーセキュリティに対する変化を敏感に感じるようになってきます。重大なセキュリティ事故として顕在化する前に、いち早くその予兆を掴むことで、効果的なセキュリティ対策につながります。

　　新たな脅威の増加に対して、これ以上優れた予防策はありません。最も重要なのは、サイバーセキュリティの脅威や脆弱性に立ち向かう**優れた組織能力**なのです。

第5章

CSMS認証の取得手順とメリット

この章では、サイバーセキュリティマネジメントを効果的に行うための1つの手段として、CSMS認証の取得について解説します。

5-1 CSMS認証の概要

まずはCSMS認証がどのようなものなのか、その概要を掴んでいただきます。サイバーセキュリティに対する企業および組織の能力を高めるとともに、認証を受けることで顧客や取引先などに対して一定のセキュリティ水準であることを明示できます。

▶▶ 日本でスタートしたCSMS認証の狙い

CSMS*（サイバーセキュリティマネジメントシステム）は、IEC62443-2-1:2010*という国際標準規格であり、制御システムおよび産業用オートメーションを対象としたセキュリティマネジメントシステムです。

このCSMSを構築・運用する企業に対して、国際標準に適合していることを第三者が客観的に評価するものが**CSMS認証**です。

平成25年2月には、経済産業省から**グローバル認証基盤整備事業**の公募がありました。これは戦略産業分野において主要各国がグローバル標準化により競争優位の獲得を進める中、日本ではそれらに関わる認証基盤が弱いことが問題視されていたことに端を発します。その認証基盤の強化を図るために、各戦略産業分野で必要となる事業を委託するものです。

そして、その中で制御システムのセキュリティ強化のために**CSMS認証制度**（CSMS適合性評価制度）の構築とパイロット認証が実施されました。

ISO/IEC27001*の国際標準規格による**ISMS***（情報セキュリティマネジメントシステム）認証は、すでに世界各国へ広く浸透しています。しかし、CSMS認証の制度を実施している国は、まだ世界に存在しませんでした。

CSMS認証は、日本が世界に先駆けて2014年7月にスタートした認証制度なのです。

---

* CSMS　　　　　　Cyber Security Management Systemの略。
* IEC62443-2-1:2010　IECは、国際電気標準会議（International Electrotechnical Commission）が制定する国際規格。電気分野を専門に取り扱う。
* ISO/IEC27001　　　ISOは、国際標準化機構（International Organization for Standardization）が策定する国際規格。電気分野を除く工業分野を取り扱う。
* ISMS　　　　　　Information Security Management Systemの略。

5-1 CSMS認証の概要

CSMS認証

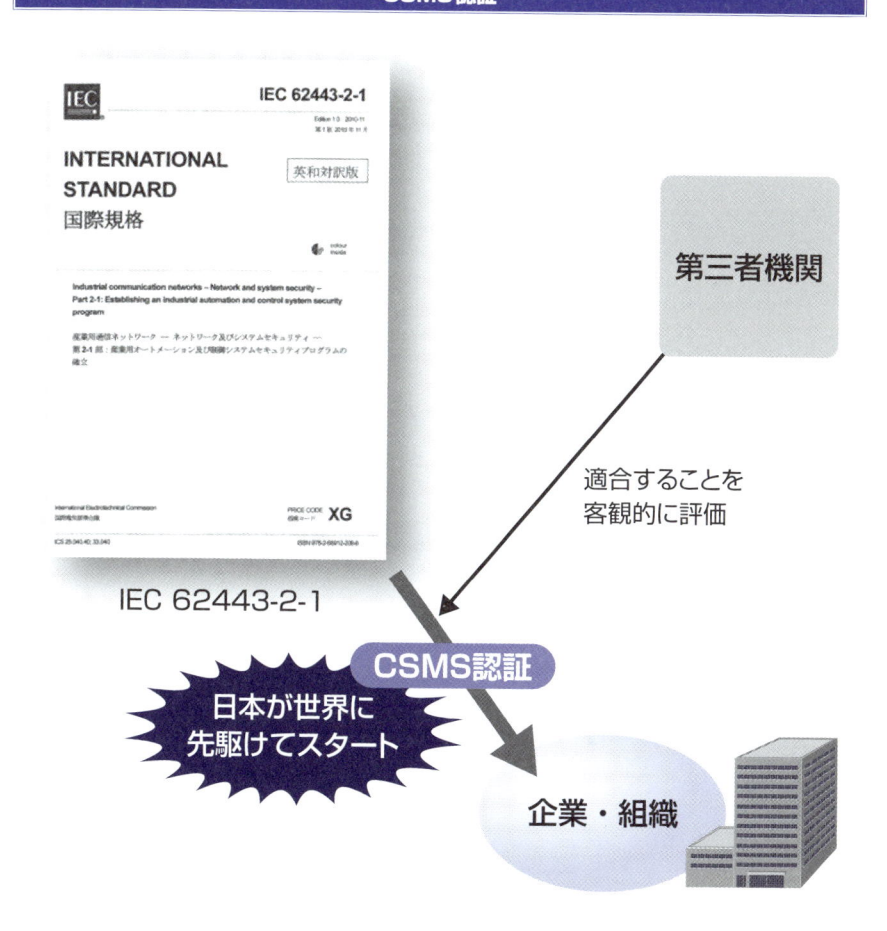

IEC 62443-2-1

第三者機関

適合することを客観的に評価

CSMS認証
日本が世界に先駆けてスタート

企業・組織

▶▶ CSMS認証でセキュリティの高さを世界にアピール

　日本が世界に先駆けてCSMS認証制度をスタートしたのは、認証を取得する企業をいち早く増やし、国際標準化をリードするためです。それによってサイバーセキュリティ対策が最も進んだ国として、他国より優位なポジションに立つことができます。従来の国際標準化とは、製品に例えると、互換性の確保や生産効率の向上、品質水準の維持などが主たる目的でした。しかし現在では、いち早く市場で主導権を確保して、グローバルな競争に勝つことが目的へと変わってきています。

5-1 CSMS認証の概要

　企業にとっても外部の第三者機関（認証機関）の審査を継続的に受けることで、自社のサイバーセキュリティ水準が一定レベルであることを証明できるメリットがあります。これは、企業の**無形資産**（ブランドイメージやノウハウなど）の価値を高めることにつながります。成熟化が進んだ現在の市場環境において、目に見えない無形資産が企業の強みの源泉となり、製品やサービスの付加価値を高めるからです。

　また、CSMS認証には別の目的もあり、それは日本の**重要インフラ事業**を諸外国へ輸出する際に、付加価値の高さを訴求することにより、グローバル競争での競争優位性を高める点です。

　日本が世界に誇る上下水道や交通システム、エネルギープラントといった**インフラの海外展開**は、今後の日本の成長戦略には欠かせません。日本が誇る機械・設備などのハード面での品質の高さ、それに関わる運用システムなどソフト面での利便性の高さなどに加え、サイバーセキュリティ面での安全性の高さがアピールできます。

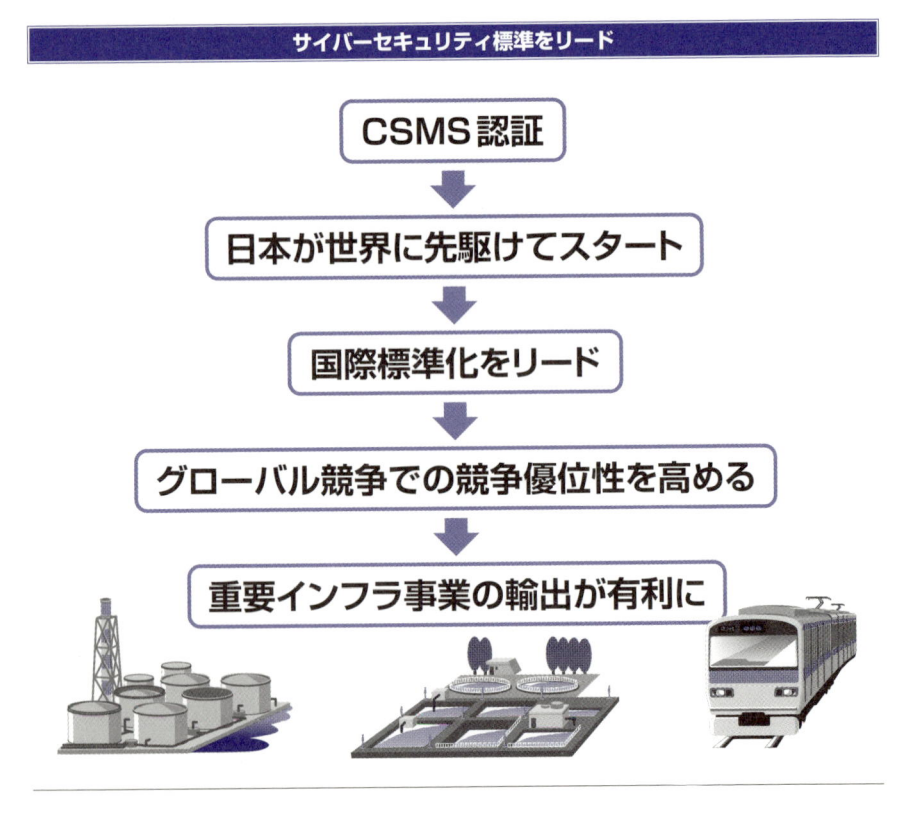

サイバーセキュリティ標準をリード

CSMS認証
↓
日本が世界に先駆けてスタート
↓
国際標準化をリード
↓
グローバル競争での競争優位性を高める
↓
重要インフラ事業の輸出が有利に

例えば、鉄道であれば、優れた列車そのものだけでなく、安全な定時運用を可能とする運行システムとそのセキュリティの高さです。これにより、激化する価格競争を回避し、受注拡大につなげるのが目的です。

このようにCSMS認証制度とはまさに、日本企業が海外でのグローバル競争に勝ち抜くための国家戦略としてスタートしたわけです。これから「サイバーセキュリティ立国」の実現を目指し、官民挙げての取り組みを推進する必要があるのです。

▶▶ CSMS認証基準は、特定の業界に限定されない国際標準規格

CSMS認証基準は、国際標準規格であるIEC62443-2-1:2010をベースにしたCSMS認証制度で用いられる認証基準です。CSMS認証基準の要求事項を満たすことで、国際標準規格に適合することができます。また、**第三者認証制度**＊に適するように、一部の内容が変更されています。

諸外国においても制御システムおよび産業用オートメーションのセキュリティ対策に関して、**IEC62443**が広く参考にされています。つまりグローバルに認められた国際標準であり、決して日本だけのガラパゴスな基準ではありません。世界共通のモノサシを使ってサイバーセキュリティ水準の評価を得ることができます。

また、CSMS認証基準は多種多様な企業で活用でき、企業の規模の大きさに左右されないのも特徴の1つです。国際標準規格は、制御システムおよび産業用オートメーションのセキュリティに関して、幅広い業種・業態へ適用できるよう構成されています。それゆえ、対象範囲は特定の産業や業界に限定されません。例えば、石油・化学プラントには適しても、電子機器の組み立て工場には適さないといったことがないよう考慮されています。また、大企業には適しても中小企業には向かないといった、適用する企業の規模にも左右されません。

さらにCSMS認証基準は、適用範囲を明確にすることで、複数の工場を所有する大企業においてもメリットがあり、まずは優先度の高い特定の工場からスモールスタートすることが可能です。適用範囲は、後で解説します毎年の継続した審査を受けるタイミングで変更が可能です。徐々に適用範囲を拡大することで、着実にCSMSの構築・運用を展開していくことができます。

これらのことから、多種多様な企業でCSMS認証取得の普及が進み、サイバーセキュリティ水準の高い企業が大幅に増加することが期待されています。

＊**第三者認証制度** 認証を受ける事業者と利害関係のない中立の「第三者」が、目標とするセキュリティレベルが適切であることを確認し、基準に適合している場合にその証明となるマーク等を付与する制度のこと。

5-1　CSMS認証の概要

IEC 62443-2-1とCSMS認証基準

IEC 62443-2-1

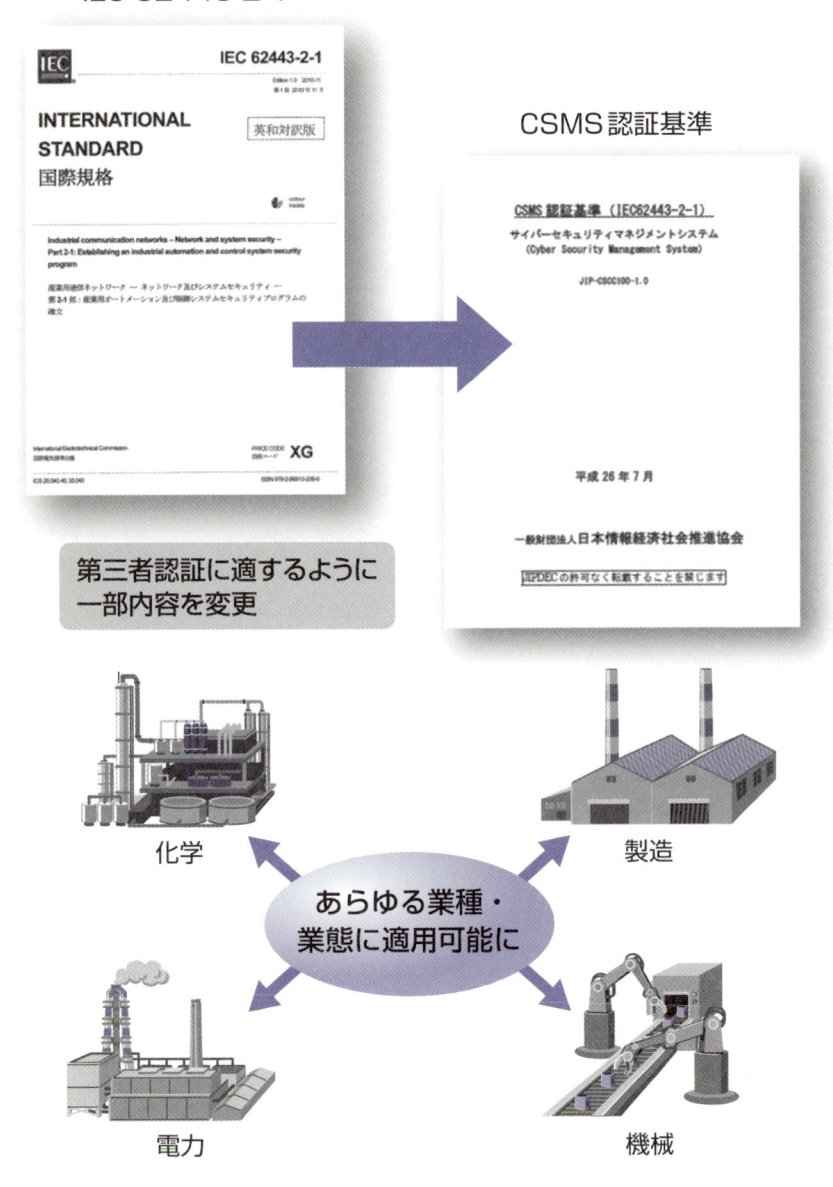

↓ 第三者認証に適するように一部内容を変更

CSMS認証基準

あらゆる業種・業態に適用可能に

- 化学
- 製造
- 電力
- 機械

5-1 CSMS認証の概要

▶▶ CSMS認証基準の対象事業者

　CSMS認証基準では、対象とする事業者として、以下の３つの事業者が想定されています。

● 制御システムを保有する事業者

　CSMS認証基準は、当然ながら制御システムおよび産業用オートメーションを資産として保有する事業者がまず対象となります。自社が保有する制御システム資産をサイバー攻撃から守るために、効果的なCSMSの構築・運用が求められるからです。

● 制御システムを運用・保守する事業者

　生産現場では、制御システムを含む機械設備や機器などの運用や保守業務を協力会社へアウトソーシングすることがあります。その場合、制御システム資産を守る中心的な役割は、運用・保守業務の委託を請けた事業者となります。CSMS認証では、これらの運用・保守を行う事業者も対象となります。

● 制御システムを構築するベンダー

　制御システムの開発・導入の多くは、外部のエンジニアリング会社やシステムインテグレータに委託することが多くなっています。また企業内の情報システムよりもベンダーへの依存度が高い制御システムでは、それらベンダーもCSMS認証の対象になるように制度が構築されています。

　制御システムおよび産業用オートメーションは、これら関連する３つの事業者が三位一体となった協働により、より強固なサイバーセキュリティが確保できます。そのためにも、これらの事業者に幅広くCSMS認証取得の普及が進むことが期待されています。

　今後は、制御システムの運用や保守、開発、導入に関する発注要件にCSMS認証取得が含まれるケースが増えたり、CSMS認証取得していることをアピールすることで業務拡大につながっていくケースなど、取引条件としてサイバーセキュリティ面が重要視されていくことになるでしょう。

5-1 CSMS認証の概要

認証を取得する対象は

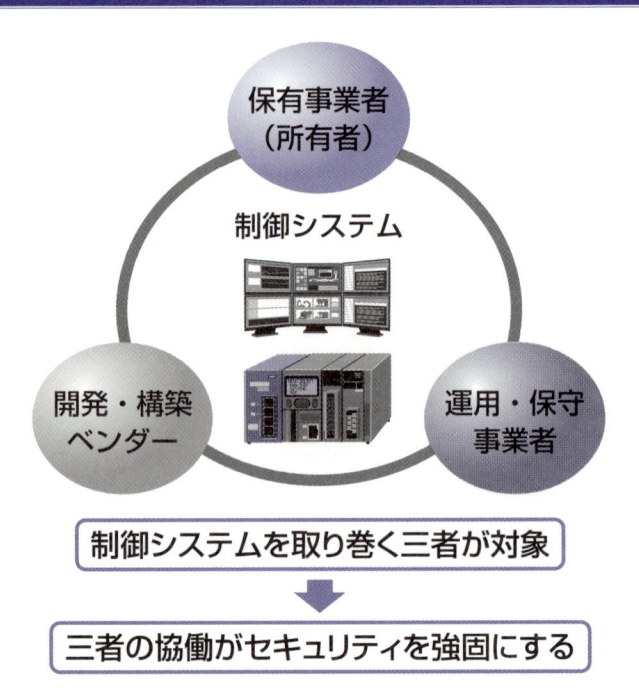

- 保有事業者（所有者）
- 開発・構築ベンダー
- 運用・保守事業者

制御システム

制御システムを取り巻く三者が対象

↓

三者の協働がセキュリティを強固にする

▶▶ CSMS認証基準では、客観的な評価を重視

　一般的にマネジメントシステムの国際標準規格では、規格への適合を求めるための**要求事項**が規定されています。例えば、第三者認証制度では、外部の審査員がその要求事項に適合しているかどうかをチェックします。

　要求事項には、**Shall**と**Should**の2つの要求があります。Shallは「〜しなければならない」、Shouldは「〜することが望ましい」という要求です。

　IEC62443-2-1:2010では、Should（〜することが望ましい）で規定される要求事項がいくつか存在します。CSMS認証基準では、第三者認証制度での客観的な評価を重視するために、このShouldで規定される要求事項のすべてをShall（〜しなければならない）に変更しています。つまり、Should（〜することが望ましい）の要求事項では、要求を満たすための取り組みを「実施している」「実施していない」どちらでも適合していることになるからです。

5-1 CSMS認証の概要

要求事項とは審査の基準である

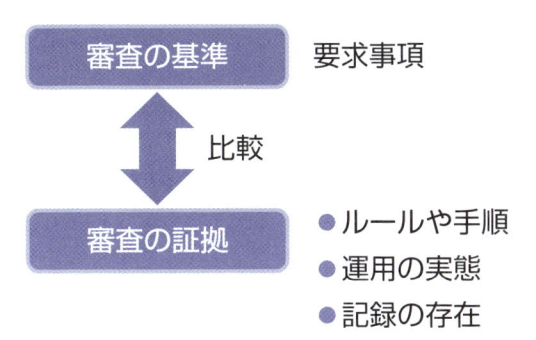

審査の基準 ⇔ 要求事項
　　比較
審査の証拠
- ルールや手順
- 運用の実態
- 記録の存在

第三者認証に適した構成へ

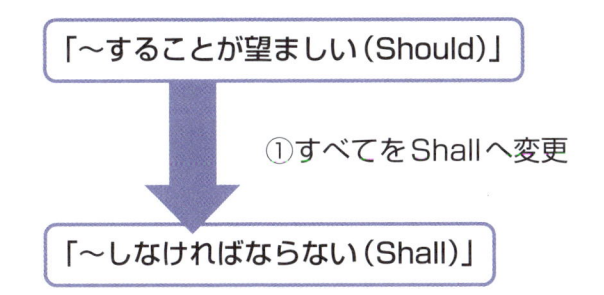

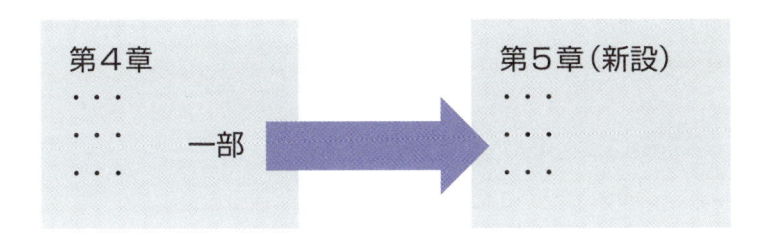

「～することが望ましい（Should）」

①すべてをShallへ変更

「～しなければならない（Shall）」

第4章　　　　　　　　第5章（新設）
・・・　　　　　　　　・・・
・・・　一部　→　　　・・・
・・・　　　　　　　　・・・

②詳細管理策へ移動

5-1 CSMS認証の概要

　CSMS認証基準では、すべての要求事項をShallとした上で、新たに「詳細管理策」という新しい章を設け、いくつかの要求事項をそこへ移動しています。

　この章で規定される要求事項については、CSMSを構築・運用する企業のリスク分析の結果を踏まえ、オプションのように採否の選択ができる仕組みが取られています。自社のリスクに関係のない管理策まで、無理に実施する必要はないからです。ただし、その採否には、なぜそのような選択をしたかの「正当な理由」が求められます。

　そして、これらの詳細管理策の選択（採否）と理由については、**適用宣言書**というドキュメントにまとめることが要求されています。この仕組みは、後ほど説明しますが、ISMS（ISO/IEC27001）と同様のイメージになります。

　また、別の章の「サイバーセキュリティマネジメントシステム」の冒頭には、**一般要求事項**が追加されています。これは全般的に「PDCAサイクルによる継続的改善」を強調するためのものだと考えられます。つまり、計画して実施するだけではなく、内部監査によるチェックやマネジメントレビュー後のアクションも重要だからです。

▶▶ CSMS認証基準とISMSとの相違点

　ISMSでは、情報資産を守るために、広くITシステム全般を対象範囲としています。CSMS認証基準との明確な棲み分けはないですが、イメージ的にはISMSがCSMS認証基準を包含するものと考えられます。

　ISMSの要求事項を見ると、その多くはCSMS認証基準とよく似ています。例えば、CSMS認証基準の「5.4.1」（ネットワーク分割アーキテクチャの策定）に該当する部分が、ISMSでは「A.13.1.3」（ネットワークの分離）になっており、ほぼ同じ内容が規定されています。CSMS認証基準とISMSは、同じセキュリティマネジメントシステムというカテゴリに属するため、マクロで見ると似かよっているのは当然かも知れません。

　また、もう少し大きな枠組みの「マネジメントシステム」として見た場合、実はISOの各種マネジメントシステムでは、内容の共通化が進みつつあります。例えば、代表的なものとしては、QMS＊（品質マネジメントシステム）のISO9001、EMS＊（環境マネジメントシステム）のISO14001などです。もちろん、それぞれ「品質」

＊**QMS**　Quality Management Systemの略。
＊**EMS**　Environmental Management Systemの略。

5-1 CSMS認証の概要

ISMSとCSMS

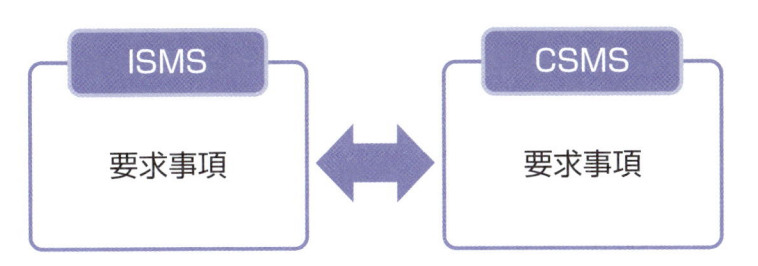

- ISMS 要求事項 ⇔ CSMS 要求事項

（マクロでみると）多くは共通する

マネジメントシステムの共通化

- QMS（ISO 9001）
- EMS（ISO 14001）
- ISMS（ISO/IEC 27001）
- ⋮

ISOの各種マネジメントシステムは、内容の共通化が進行中

将来的にはCSMSも？

- CSMS（IEC 62443-2-1）

5-1 CSMS認証の概要

「環境」「情報セキュリティ」といった側面から見ると、詳細な内容は異なります。しかし、「マネジメントシステム」という大きな枠組みで見ると、実は求めていることは同じなのです。

従来は、それぞれのマネジメントシステムごとに内容が大きく異なっていました。これが規格改訂のタイミングに合わせて統一した内容に変わってきているのです。この共通化により、複数のマネジメントシステムを構築・運用する企業では、以下のようなメリットがあります。

> ①構築・運用する複数のマネジメントシステムを統合できる。
> ②一度に複数のマネジメントシステムをまとめて審査が受けられる（統合審査）。

将来的には、CSMS認証基準もこの共通化の流れに進むかも知れません。

▶▶ ISMSとCSMSのどちらを採用するか

CSMSとISMSの共通する部分は多いのですが、やはりCSMSは制御システムおよび産業用オートメーションのセキュリティを対象にしているため、制御システムを考慮した要求事項も数多く存在します。

例えば、アクセス管理においては、リモート接続＊やタスク間通信＊まで踏み込んだ要求となっており、制御システムの側面でブレークダウンされています。

では、大きな枠組みで見ると似ていても、詳細な部分では異なっているCSMSとISMSを一緒に運用することは可能なのでしょうか。結論を先にいいますと、まったく問題はありません。現在、生産現場でISMSを構築・運用している企業では、それにCSMSを加えることで、セキュリティに対して非常に有効になります。ちょっとした工夫でCSMSを構築・運用でき、別々に考える必要はまったくありません。つまり、CSMS固有の部分だけをISMSに加えるのです。これでサイバーセキュリティの側面をより強化できます。特に、教育訓練や内部監査、マネジメントレビューなどは、全般的にマネジメントシステムとして共通する事項なので、CSMSとISMSを一緒にまとめて実施することに、全く違和感はないはずです。

＊**リモート接続** 通信回線やインターネットなどを介して、自分が使用権を持つ制御システムに外部から接続すること。
＊**タスク間通信** あるタスク（コンピューターが処理している仕事）がほかのタスクにイベント（処理内容）を伝えること。

実際にISMSを構築・運用していても、工場などの生産現場をISMSの適用範囲にしていない企業も多いはずです。その場合、もちろんISMSの適用範囲を生産現場まで拡大する考え方もありますが、ISMSの経験やノウハウをベースに、まずはCSMSの構築・運用を始めることも有効です。生産現場でセキュリティマネジメントシステムのスムーズな立ち上げを目指すなら、制御システムおよび産業オートメーションに適したCSMSの方が、より取り組みの焦点を絞りやすいからです。可用性の重視とHSEを考慮した資産分類やリスク分析の考え方など、生産現場ではより納得感が得られると思います。

制御システムの側面でブレークダウン

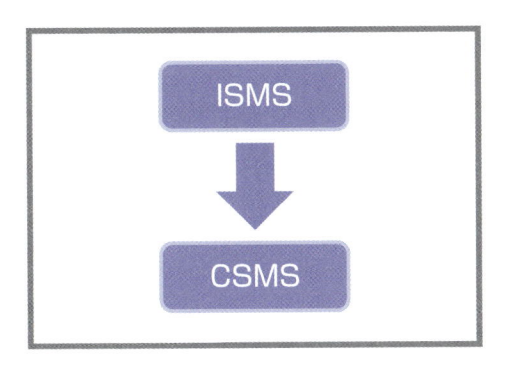

ISMS
↓
CSMS

ISMSへサイバーセキュリティをプラス

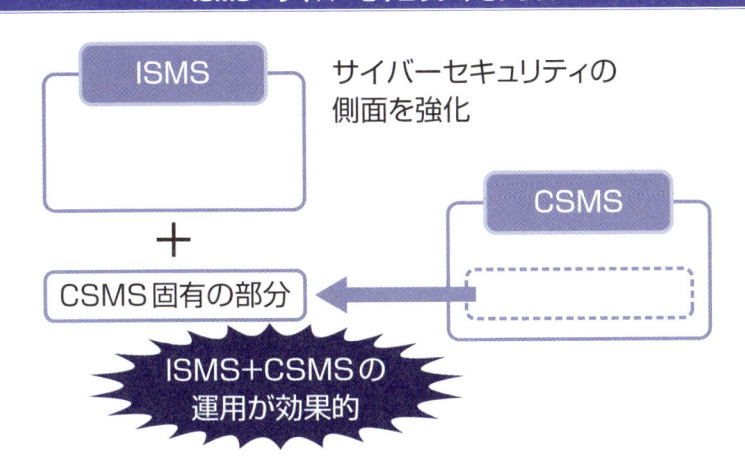

ISMS
＋
CSMS固有の部分
← CSMS

サイバーセキュリティの側面を強化

ISMS+CSMSの運用が効果的

5-2 認証取得のメリット

第三者機関からの審査を受けることで、企業および組織のCSMSが適切に構築・運用されていることに関して、客観的な評価が得られます。サイバーセキュリティ水準の維持向上はもちろんのこと、企業および組織の見えざる資産（経験・ノウハウ）として企業価値を高めることにもつながります。

▶▶ セキュリティの問題や課題を明らかにできる

　CSMS認証を取得するには、まず企業内のCSMSを構築し、それを運用することが必要です。その後、第三者機関（審査機関）からCSMSが適切に構築・運用されているかを審査してもらいます。そして審査で適合性や有効性に問題がなければ、めでたく認証登録となります。

　社内でCSMSを構築しようとした場合、必然的に企業内の**PDCAサイクル**によるマネジメント体制が明確になります。どのような企業・組織でも、事業を運用する上で必ずマネジメントが行われています。ただし、その活動は明確ではなく、なんとなく慣性で進めていることも多いのではないでしょうか。実は、CSMSを構築・運用するということは、企業のマネジメント活動を「見える化」することにほかなりません。

　「見える化」でどのようなメリットがあるかというと、企業におけるサイバーセキュリティ面での問題や課題を明らかにすることができます。非常にあたり前のことですが、そもそもどこに問題や課題があるかわからないと、それに対する効果的なセキュリティ対策などできません。

　例えば、風邪の症状があるなら「風邪薬」を飲むのが効果的です。すごくよく効く「胃薬」を飲んでも効果はありません。要するに風邪の症状を掴むには、リスクベースのマネジメントシステムが必要なのです。マネジメントシステムの確立によって、企業の問題や課題を浮き彫りにし、それに対する効果的な対策を行うための体制を整備することができるのです。

5-2 認証取得のメリット

マネジメントシステムの効果

CSMSを構築・運用

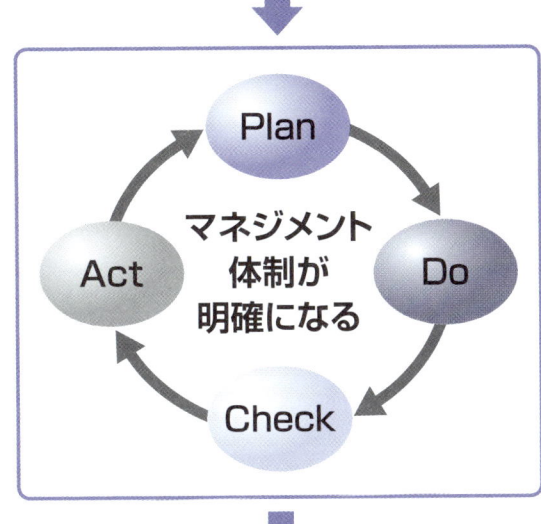

↓

Plan → Do → Check → Act（マネジメント体制が明確になる）

↓

企業のマネジメント活動の「見える化」

↓

企業の問題や課題が明確になり、その対策を準備できる

▶▶ 継続的な改善活動の重要性

マネジメントシステムを運用すれば、PDCAサイクルがどんどん回っていきます。リスク分析や対策の実施、内部監査、マネジメントレビューなどが企業内でしっかりと進められているかを評価するのも、CSMS認証の重要な役割です。

PDCAサイクルをどんどん回すことは、スパイラルアップ*につながります。1サイクルごとにハードルを少しずつ高め、それをクリアしていくということです。これが継続的な改善活動です。いきなり高いハードルを目指すと、その高さに打ちのめされるかも知れません。しかし、少しずつハードルを上げて達成を続けることで、より高いハードルを越えるパワーが備わっていきます。「継続は力なり」です。

継続的な改善活動の最終目標は、企業内のCSMSを高めることです。しかし、もっと重要なことがあります。それは、最終目標を達成するまでに歩む過程です。PDCAサイクルを回すごとに、企業の中の一人ひとりが協力し合い、考え抜き、喜びを分かち合います。その過程で協働が進み、企業のノウハウや経験が蓄積され、組織能力が高まるのです。これこそがマネジメントシステムの構築・運用が非常に有効だといわれる理由です。

組織能力の高さをモノサシなどで測ることは困難です。だからこそ、**見えざる資産**としての価値があります。他社がその能力を簡単に真似することができません。経営学では、これを**模倣困難性**と呼びます。企業・組織の強みとして、この模倣困難性をいかに持っているかが競争優位の源泉となるのです。

▶▶ CSMS認証制度のスキーム

第三者認証とは、企業内で構築・運用しているセキュリティマネジメントシステムがCSMS認証基準に適合し、かつ有効に機能していることを外部の中立的で客観的な立場から評価してもらうことです。わかりやすくいうと「信頼のおける外部機関からお墨付きをもらう」イメージです。

認証制度は、以下の3階層の関係者で構成されます。

●認証取得者

一番下がCSMS認証を取得する**認証取得者**です。制御システムや産業用オートメーションを所有する事業者などになります。

＊**スパイラルアップ**　PDCAサイクルの円を描く循環において、最後の「A」の改善内容を最初の「P」に反映させ、螺旋を描くように管理マネジメントを継続的に上昇（向上）させていくこと。

継続的な改善による強みの形成

マネジメントシステムの運用

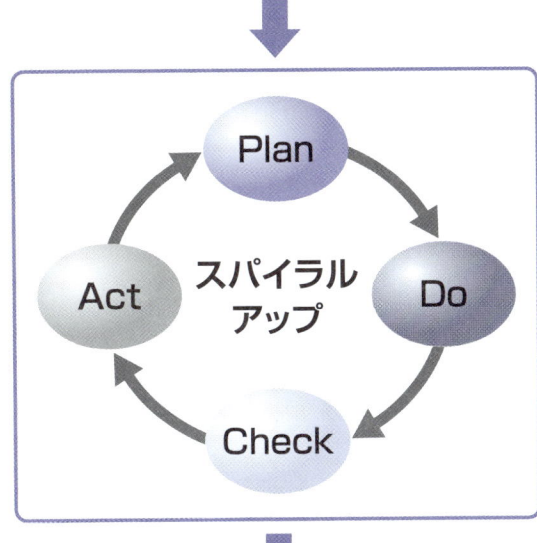

↓

- Plan
- Do
- Check
- Act

スパイラルアップ

↓

企業のノウハウや経験が蓄積され、組織能力が高まる

↓

競争優位につながる模倣困難性が高まる

5-2 認証取得のメリット

● **認証機関**

真ん中に**認証機関**が位置づけられています。一般的には、審査機関といわれるところです。

● **認定機関**

一番上には認証機関を認定する**認定機関**が位置づけられています。ここが現在、CSMS認証制度（CSMS適合性評価制度）を運営する**JIPDEC**＊（一般財団法人日本情報経済社会推進協会）になります。

企業や組織がCSMS認証を取得するためには、外部の審査を受けるわけですが、その審査は認証機関が行います。具体的には、認証機関から派遣された審査員が審査を行い、その結果を認証機関内の判定委員会に推薦します。その判定委員会の審議を通過すると、**認証登録証**が発行されます。

実は監査という側面から見ると、以下の3つの形態があります。

● **第一者監査**

企業自身でチェックを行います。内部監査がこれに該当します。

● **第二者監査**

顧客や取引先などの外部からチェックを受けます。いわゆる取引先監査がこれに該当します。

● **第三者監査**

独立性・客観性を持つ外部からチェックを受けます。第三者認証における認証審査がこれに該当します。

＊ **JIPDEC** Japan Information Processing Development Centerの略。ISMS適合性評価制度やプライバシーマークの認定なども行っている。

5-2 認証取得のメリット

CSMS認証のスキーム

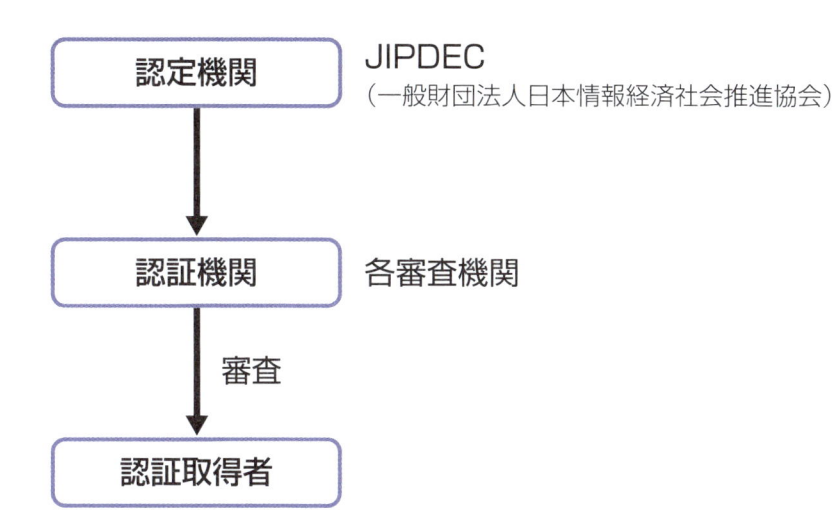

```
認定機関  ──  JIPDEC
              (一般財団法人日本情報経済社会推進協会)
   ↓
認証機関  ──  各審査機関
   ↓ 審査
認証取得者
```

認証を取るには「認証機関」から審査を受ける

監査の形態

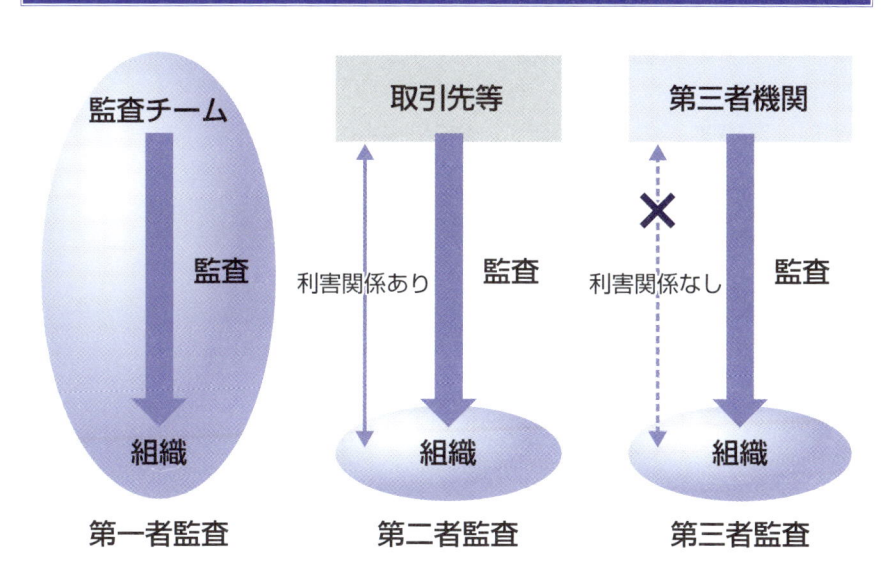

第一者監査: 監査チーム → 監査 → 組織

第二者監査: 取引先等 → 監査 → 組織（利害関係あり）

第三者監査: 第三者機関 → 監査 → 組織（利害関係なし）×

▶▶ 広く世間で認めてもらうには、第三者認証が効果的

　もう一度、第一者監査、第二者監査、第三者監査という３つの監査の形態を振り返ってみましょう。

　第一者監査である内部監査はもちろん重要です。ただし、顧客や取引先の立場で見ると、サイバーセキュリティ水準が適正かどうかの判断は容易ではありません。

　第二者監査の場合も、実際に監査を行う顧客や取引先以外の関係者から見ると、やはりサイバーセキュリティ水準の判断ははっきりしません。

　つまり、広く世の中で認めてもらうには、第三者監査となる認証機関の審査を受け、CSMS認証基準へ適合することの評価を得るのがベターなのです。CSMS認証制度では、第三者認証制度として信頼されたスキームが確立されており、認証登録を示すことで適合性が証明できます。また日本国内だけでなく、グローバル的な信頼の獲得につながります。

　なお、初回の認証登録を受けたら、それで終わりではありません。後で解説しますが、企業のCSMSの運用が適切に維持できているかを調べるため、毎年、**サーベイランス審査**を受ける必要があります。また３年ごとに**再認証審査（更新審査）**もあります。また認証機関も同様に、認定機関から定期的に認定審査を受けることで、認証機関としての業務が適切なことを証明しています。CSMS認証制度は、企業のCSMSが適切に運用されていることを証明するために、それだけ厳格な仕組みになっています。

　このような内部監査だけでは気づかない指摘を得ることで、より効果的な改善につながります。企業内で常識と思っていたことが、一般的には異なることもあるからです。また、外部の客観的な評価を受けることにより、ある意味内部の馴れ合い的な関係に陥らないよう、メスを入れることができるはずです。利害関係のない第三者の客観的な目で見た指摘は、企業自身がCSMSの運用に対して襟を正すためにも必要なのです。

5-2 認証取得のメリット

セキュリティレベルを証明

初回の認証登録
↓
サーベイランス審査（毎年）
↓
再認証審査（3年ごと）
↓
CSMS認証制度は、企業のCSMSが適切に運用されていることを証明するために、厳格な仕組みになっている

それによって
↓
外部からの指摘によって、より効果的な改善につながる

第5章 CSMS認証の取得手順とメリット

5-2 認証取得のメリット

▶▶ CSMSによる企業価値の向上

　従来、企業価値を評価する尺度といえば、有形価値である土地・建物などの有形固定資産や、内部留保する自己資本の大きさなどが重要でした。しかし、市場が多様化し、需要の変化が激しい現在においては、有形価値の大きさだけで企業価値を評価するのが難しくなっています。

　そして現在では、企業の競争優位性に**無形価値**が大きく関係しています。無形価値とは、ブランドや知的財産、人材、ステークホルダーとのネットワークなどです。また、ブランドにおいては、単に企業が生み出す製品・商品だけでなく、企業そのものを対象にした**コーポレートブランド**の構築が非常に重要になってきています。

　コーポレートブランドとは、顧客や取引先、社員を含む幅広い人々から高い支持を得ていることです。また近年、CSR＊（企業の社会的信頼）が重視されるのも、企業利益の追求だけでなく、社会利益への貢献が求められているからです。いかに社会で必要とされる企業になるかが、熾烈なグローバリズムを勝ち抜き、生き残りを図るために必要になってくるのです。

　サイバーセキュリティについても、脆弱性の問題などがあると顧客や取引先への安定した製品やサービス提供に不安をもたらすことになります。特に重要インフラ事業であれば、サイバー攻撃でプラントが止まると、社会に与えるインパクトは非常に大きくなります。サイバーセキュリティの向上は、社会的な信頼の確保に不可欠なのです。

　サイバーセキュリティ対策は、短期的な企業戦略としての効果が見えづらいかも知れません。売上や経常利益などに直接、結びつかないからです。ただし、前述したように、今後は見えざる資産である無形価値が企業の信頼性や競争力を高めます。よって、短期的ではなく、中長期的な企業戦略としてサイバーセキュリティを強化し、強みの源泉とする取り組みが求められます。「組織としてサイバーセキュリティ対策にどう取り組むのか」経営トップによるリーダーシップやコミットメントが、より一層重要になるのです。

＊**CSR**　Corporate Social Responsibility の略。

5-2 認証取得のメリット

サイバーセキュリティ確保による企業価値の向上

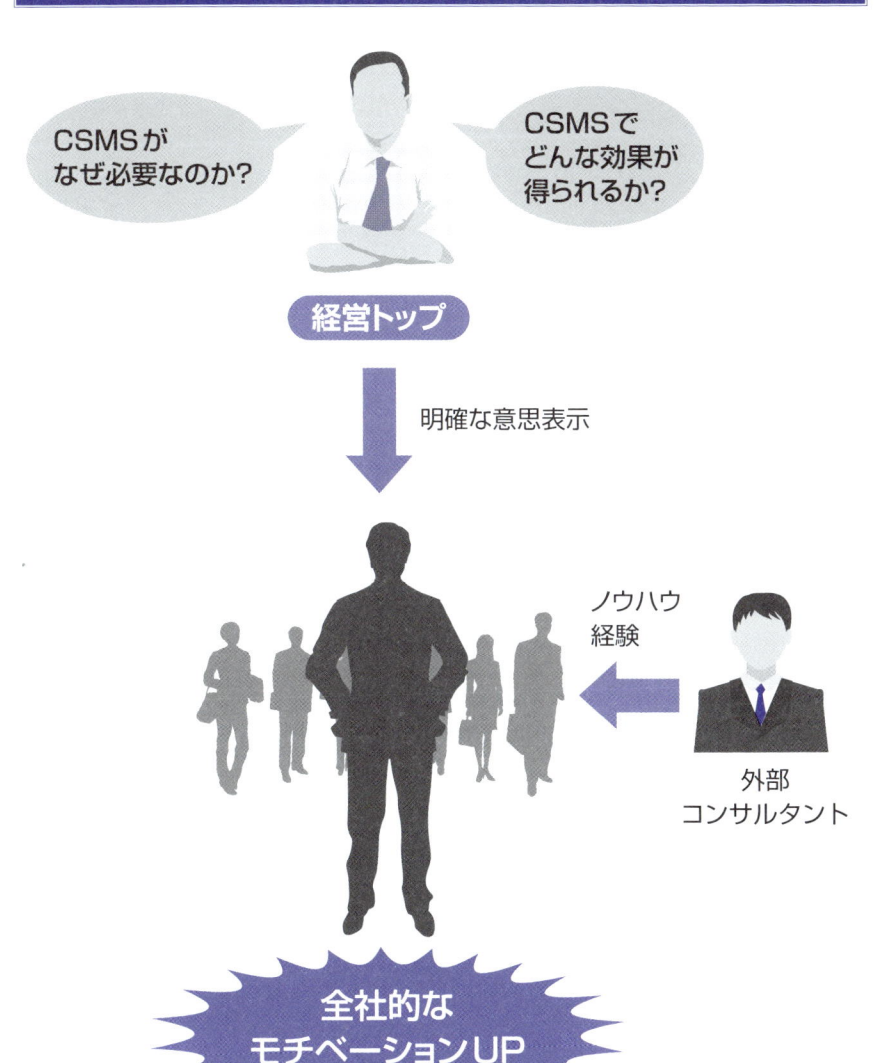

CSMSがなぜ必要なのか？

CSMSでどんな効果が得られるか？

経営トップ

↓ 明確な意思表示

ノウハウ
経験

外部
コンサルタント

全社的な
モチベーションUP

5-3 認証取得の手順とスケジュール

実際にCSMS認証を取得するには、どのような流れで進めていくのか、その手順やスケジュールを説明します。

▶▶ 手順① 活動計画の検討

　CSMS認証を取得するために、まず最初に行うのが企業内の組織体制の整備です。例えば、要員をどう確保するのか、またどのくらいの予算をとるのかを経営トップが決めます。社内で専門スキルを持つ人材が確保できない場合、外部のコンサルタントの支援を受けるのも有効な手段の1つです。

　さらにCSMSの認証取得に向けた活動を、企業・組織の事業計画に組み入れます。

　以下の大まかなスケジュールを計画し、関連する各部門の業務計画へとブレークダウンを進めます。

> 1 CSMSを適用する範囲（事業所、部門など）を決定する。
> 　　↓
> 2 CSMSの構築期間を決定する。
> 　　↓
> 3 CSMSの運用開始時期を決定する。
> 　　↓
> 4 認証審査を受けるタイミングを決定する。
> 　　↓
> 5 必要な予算と要員を決定する。
> 　　↓
> 6 CSMS認証取得を事業計画に反映する。

5-3　認証取得の手順とスケジュール

CSMS認証制度

CSMS適合性評価制度　一般財団法人日本情報経済社会推進協会　情報マネジメントシステム推進センター

CSMS 適合性評価制度
サイバーセキュリティマネジメントシステム適合性評価制度

CSMSIは、組織の産業用オートメーション及び制御システム(IACS: Industrial Automation and Control System)を対象として、その構築から運用・保守に渡ってサイバー攻撃から守るためのセキュリティ対策を実施し、システムを運用するものです。

→ CSMS（サイバーセキュリティマネジメントシステム）とは
→ CSMS適合性評価制度の概要
→ CSMS適合性評価制度の運用体制
→ CSMS認証を取得するには

[出典] 情報マネジメントシステム推進センター /CSMS 適合性評価制度
(http://www.isms.jipdec.or.jp/csms.html)

審査までの流れ

CSMS構築 → CSMS運用 → 内部監査 → 外部審査

5-3 認証取得の手順とスケジュール

▶▶ 手順② 運営事務局の設置

CSMSの認証取得に向けた活動計画が決まったら、運営事務を行う組織体として**CSMS事務局**を設置します。CSMS事務局は、CSMSの構築・運用を進める中心的役割を担います。一般的に「事務局」と呼ばれ、以下の事務局長とメンバーで構成されます。

●事務局長

CSMS構築・運用の管理責任者を任命します。工場であれば製造部長クラスが適任です。事務局の運営に責任を持ち、必要な承認を行います。

●事務局メンバー

適用範囲の関連する部門から、それぞれ1～3名程度の兼任する担当者を決めます。CSMSの構築・運用における実務面を担当します。

また、CSMS事務局の設置と同時に、CSMSの大きな方向性を決める**CSMS委員会**も設置します。CSMS委員会では、CSMS事務局長から提示された決定事項等を審議・承認する役割を担います。メンバーには経営層はもちろん、工場であれば工場長のほか、適用範囲に関連する部門長も参画するのが適切です。

なお、CSMSを構築し運用がスタートしたら、コミュニケーション活動として定期的な会議の開催が必要です。一般的には、以下のようなタイミングで実施します。

●CSMS委員会

四半期ごとに開催します。

●CSMS事務局

毎月1回、会議を開催します。

5-3 認証取得の手順とスケジュール

体制の例

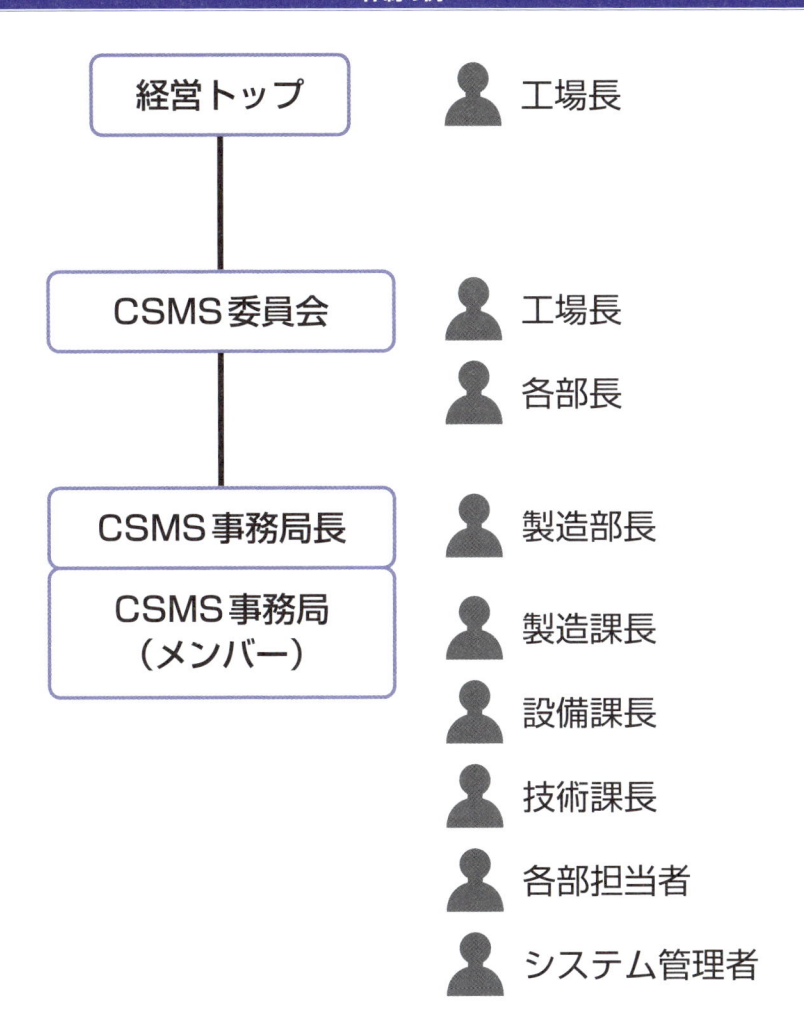

- 経営トップ — 工場長
- CSMS委員会 — 工場長／各部長
- CSMS事務局長 — 製造部長
- CSMS事務局（メンバー） — 製造課長／設備課長／技術課長／各部担当者／システム管理者

▶▶ 手順③　CSMSの構築・運用

　　CSMSの構築にあたって、まず最初に行うことは、CSMS事務局で**サイバーセキュリティポリシー**を策定することです。ここでは、CSMS認証を取るための前提となるCSMS認証基準に適合するように内容をまとめます。CSMS認証基準の要求事項をよく理解し、企業のCSMSへいかにブレークダウンするかがポイントです。

　　サイバーセキュリティポリシーが策定でき、それに基づいたCSMSを構築できたら、次は運用をスタートします。運用にあたっては、適用範囲内の社員や関連会社、ベンダーなど関係者一人ひとりへの教育が必要です。対象者が多い場合は、適切に研修計画を立案・実行し、受講者の漏れが出ないよう十分注意します。

　　CSMSの構築・運用は、現場の各担当者からすると「面倒な作業が増える」「より業務負荷が高まる」など、あまり歓迎されないことも多いはずです。よって、経営トップが明確な意思表示をし、リーダーシップを発揮することが重要です。「なぜCSMSが重要なのか」「CSMSにどんな効果を求めているのか」など、企業内へしっかりと伝え、一人ひとりの「やる気」を高めます。

▶▶ 手順④　内部監査とマネジメントレビューの実施

　　CSMSの構築・運用がある程度定着したら、適切に運用が行われていることを**内部監査**でチェックします。内部監査員は、企業のサイバーセキュリティポリシーそのものがCSMS認証基準に適合することも監査する必要があります。また、「監査」のスキルを持ち合わせることが求められるので、早い段階から要員を育成することが重要です。

　　内部監査の結果を踏まえて、**マネジメントレビュー**を開催し、経営トップに対してCSMSの運用状況を報告します。工場においては、CSMS事務局長が工場長へレビューを行うことになるでしょう。ここでは、今後、企業のCSMSを大きく変える必要性がないかどうかを評価することが重要です。

5-3 認証取得の手順とスケジュール

CSMS構築・運用の流れ

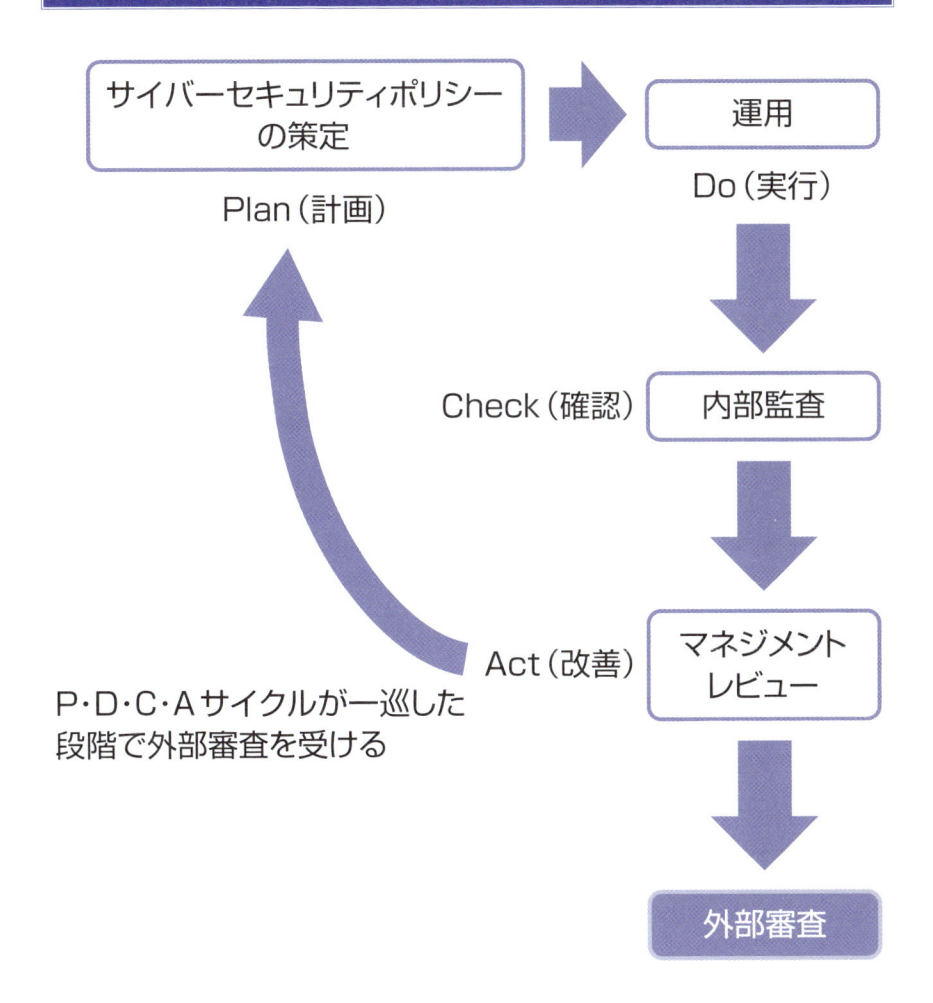

Plan(計画): サイバーセキュリティポリシーの策定

Do(実行): 運用

Check(確認): 内部監査

Act(改善): マネジメントレビュー

P・D・C・Aサイクルが一巡した段階で外部審査を受ける

外部審査

▶▶ 手順⑤　外部審査

　マネジメントレビューが終われば、いよいよ認証審査を受けます。認証審査には、JIPDEC（一般財団法人日本情報経済社会推進協会）から認定を受けた認証機関への申請が必要です。

　認証機関による審査は、以下の2段階で行われます。

●第1段階審査

　企業が運用するCSMSのドキュメントを主に審査します。**文書審査**と呼ばれることもあります。また、第二段階審査を進めることが可能かどうか、その事前確認も行われます。

●第2段階審査

　実際にCSMSを運用する企業の実地審査を行います。CSMS認証基準に適合しているかどうか、また企業のCSMSが有効に運用されているかどうかの実態を審査します。経営トップへのインタビューや、生産現場に立ち入った確認なども行われるので、認証機関と事前に調整をとっておき、早めに審査日程を計画することが重要です。

　第2段階審査で問題がなければ、審査員は認証機関の**判定委員会**へ推薦を行います。この判定委員会の審議が終わると、めでたく初回の**認証登録証**が発行されます。

　もし審査において「不適合」と呼ばれる問題が指摘された場合は、一定期間内に不適合を受けた事項を解消する必要があります。それができなければ、最終的に認証審査をパスすることができません。

　なお、CSMS認証を維持するには、認証機関から毎年、継続した審査を受ける必要があります。また3年ごとの再認証審査（更新審査）もあります。

　ちなみに認証登録に関わる費用は、申請する企業・組織の適用範囲や事業規模などから、認証機関により異なってきます。事前に認証機関へ見積りをとり、予算化を行っておきましょう。

5-3 認証取得の手順とスケジュール

初回審査

第一段階審査 → 第二段階審査 → 認証登録

第一段階審査：ドキュメント
第二段階審査：運用状況

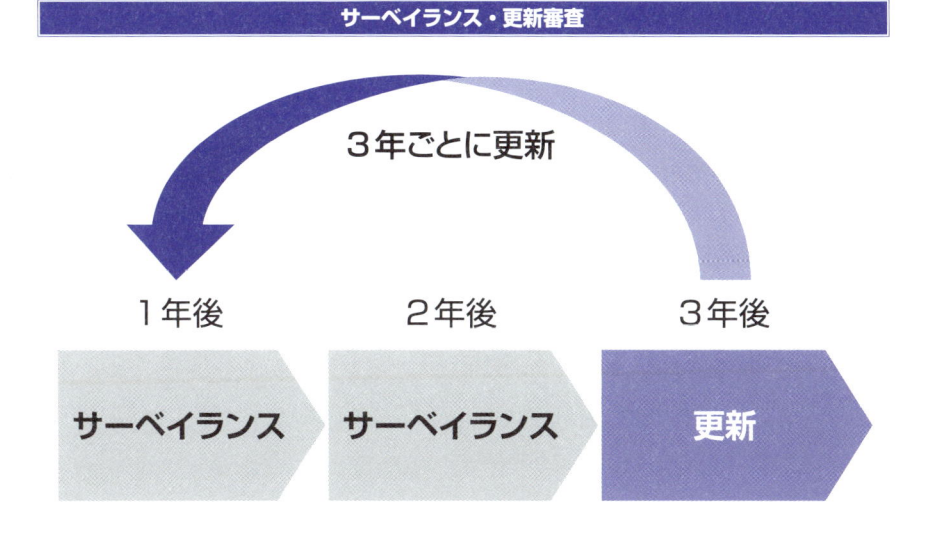

サーベイランス・更新審査

3年ごとに更新

1年後：サーベイランス
2年後：サーベイランス
3年後：更新

▶▶ CSMS認証取得に向けた全体のスケジュール

　CSMS認証取得にかかる期間は、CSMSを適用する範囲（人数・規模）によって変わりますが、平均的には約1年が目安となります。

---

1 CSMSの立ち上げ（活動計画の検討、運営事務局の設置など）……約1ヵ月
　　↓
2 CSMSの構築……約5ヵ月
　　↓
3 CSMSの運用……約2ヵ月以上
　　↓
4 内部監査とマネジメントレビューの実施……約1ヵ月
　　↓
5 外部審査（第1段階審査、第2段階審査）……約3か月
　　↓
6 認証取得

　外部審査に必要な日数は、適用する範囲（人数・規模）の大きさによりますが、第1段階審査で1〜2日、第2段階審査で2〜4日が想定されます。また、第1段階と第2段階の間で、2〜3か月程度を空けるのが一般的です。

　全体の進捗管理は、1〜2週間ごとに予定に対する実績を確認し、スケジュールの進捗状況を把握します。企業内の内部プロジェクトであることから進め方に甘さが出たり、報告が曖昧だったり、進捗に大幅な遅れが生じることがあります。CSMS事務局長による適切なプロジェクト管理が重要です。

　また、サイバーセキュリティポリシーを策定するCSMSの構築では、中途半端にまとめられたポリシーのままで、とりあえず運用を開始するのは非常に危険です。運用の混乱を招き、最悪の場合、プロジェクトが頓挫することも考えられるからです。CSMSの構築で大幅な遅れが生じた場合、早期に後の作業をリスケジュールするなど、抜本的な対応が必要です。

　CSMSの構築に関しては、サイバーセキュリティポリシーのベストプラクティスなテンプレートを持つ、外部の専門家（コンサルタント）の支援サービスを受けるのも効果的です。

5-3 認証取得の手順とスケジュール

スケジュールの例

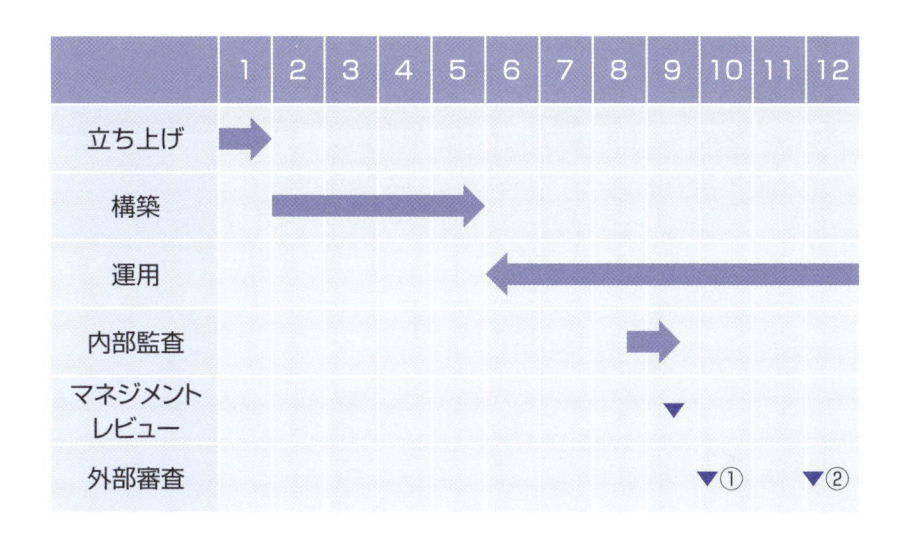

	1	2	3	4	5	6	7	8	9	10	11	12
立ち上げ	→											
構築		→	→	→	→							
運用						←	←	←	←	←	←	←
内部監査								→				
マネジメントレビュー									▼			
外部審査									▼①		▼②	

小さく始めて大きく成長

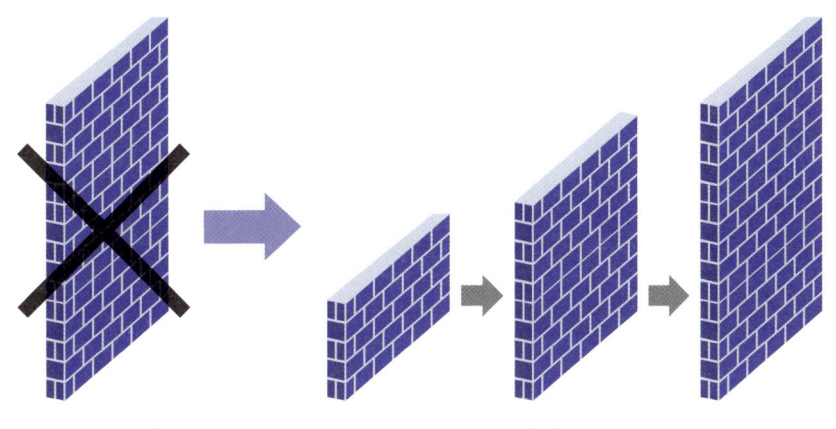

いきなり高いハードルだと、負担が大きい

まずは自社のレベルに合わせた高さでスタートし、継続的改善でUPしていく

▶▶ CSMS認証取得のポイント

最後にCSMS認証取得のポイントを簡単にまとめます。

●最初から高いハードルを立てない

最初から100点満点を目指すことはありません。いきなり高いハードルを越えようとすると運用の負担が大きくなり、思いのほか挫折や頓挫につながることも考えられます。マネジメントシステムとは、PDCAサイクルで継続的な改善の積み重ねです。まずは小さくスモールスタートし、徐々にハードルを上げていきましょう。

●日常業務の中に運用を取り込む

サイバーセキュリティポリシーをできるだけ日常業務に取り入れることが重要です。例えば、細かな実施手順については、サイバーセキュリティポリシーの中で具体的に言及せず、業務マニュアルの一部へ含めることなどです。日常業務の一環としてサイバーセキュリティを考えると、運用が非常にスムーズで効果的になります。

●ルールや手順を明確にできないこともある

確かに細かくルールや手順を決めた方がミスを防げて対策も有効になるかも知れません。ただし、すべてがそうではないことを理解する必要があります。対策の手順を細かく決めることができるのは、前提としている要因がかなり明確な場合です。例えば、USBメモリの紛失を防ぐために、ネックストラップを取り付けて持ち運ぶなどです。しかし、セキュリティ上の要因を検討しても、想定の難しいケースが多いのです。

●運用に幅を持たせることも必要

あえて原則だけを決めて、それに基づき、運用に幅を持たせた方が効果的なことがあります。例えば、標的型攻撃で使われる巧妙なメールについて、あらかじめ開けてはいけないメールの種類を、OK・NGですべて分類することは難しいでしょう。原則として「送信元のメールアドレス、件名、添付ファイルの拡張子を確認し、少しでも不審に感じたらシステム管理者へ連絡する」レベルのルールであれば、運用は徹底できると思います。

第6章 関連規格と法規

この章では、CSMS認証基準と比べながら、サイバーセキュリティに関連する国際規格や法規を説明します。

6-1 IEC62443シリーズ

まずはCSMS認証基準のベースになっている、制御システムの全レイヤーをカバーする国際規格、IEC62443シリーズについて説明します。

▶▶ IEC62443シリーズの概要

IEC＊（国際電気標準会議）は、電気工学や電子工学、関連した技術を扱う国際的な標準化団体です。標準規格の一部は、**ISO**＊（国際標準化機構）と共同で開発されています。

その中の規格の1つ、**IEC62443シリーズ**は制御システムのすべての機器、装置を対象にした国際標準規格です。

IEC62443シリーズには、主に以下の4つの規格があります。

● IEC62443-1

共通する全体の用語や概念などを定義しています。

● IEC62443-2

企業のサイバーセキュリティマネジメントシステムに関する国際標準規格で、CSMS認証基準のベースとなります。

対象は、制御システムを保有する事業者、運用する事業者、構築する事業者です。

● IEC62443-3

制御システムそのものに対するセキュリティ要件を規定する国際標準規格です。

ここでいう制御システムとは、PLCやDCS、SCADAなどのコンポーネントを組み合わせて、一体となって構成されるものです。

2015年6月現在、**CSSC**＊（技術研究組合制御システムセキュリティセンター）において、制御システムのセキュリティ認証として、**SSA/SDLA認証**の開始に向けた準備が進んでいます。

＊ **IEC**　　International Electrotechnical Commissionの略。
＊ **ISO**　　International Organization for Standardizationの略。
＊ **CSSC**　Control System Security Centerの略。

●IEC62443-4

PLCやDCS、SCADAなど、制御システム内で使用される機器単体に対するセキュリティ要件を規定する国際標準規格です。

日本では、CSSCにより、2014年4月から機器単体のセキュリティ認証として**EDSA認証**がスタートしています。すでにEDSA認証を取得した日本メーカーのDCSやPLC製品も発売されています。

CSMS関連規格

	汎用制御システム	石油化学プラント	電力システム	スマートグリッド	鉄道システム
社会セキュリティ	ISO 22320（危機管理）				
組織			NERC CIP	NISTIR 7628	ISO/IEC 62278
システム	IEC 62443	ISA SSA	WIB	IAEA 核セキュリティ勧告 Rev.5		IEC 62280
装置		Achilles		IEEE 1686		
		EDSA				
要素技術（暗号等）	ISO/IEC 29192		IEC 62351	IEEE 2030	

国際標準　　業界標準

6-2 EDSA認証

EDSA認証は、CSMS認証と時期を同じくして日本でスタートした認証制度です。CSMS認証によるセキュリティ管理策を具体化する中で、EDSA認証を受けた機器を取り扱うことにより、効果的なサイバーセキュリティリスクの低減につながります。

▶▶ EDSA認証の概要

EDSA認証は、国際認証推進組織のISCI*が運営する制御システム機器のセキュリティ保証に関する認証のことです。EDSA認証の国際標準規格は、IEC62443-4に統合される動きとなっています。

日本では、JAB*（日本適合性認定協会）を認定機関、CSSC認証ラボラトリーを認証機関として、2014年4月より取得が可能となっています。

EDSA認証には、以下の3つの**評価項目**があり、レベルに応じて要求事項の数が異なります。

● SDSA*（ソフトウェア開発の各フェーズにおけるセキュリティ評価）

制御システム機器に使われるソフトウェアの開発プロセス、開発ドキュメント、レビュー記録などを評価します。また開発者へのインタビューを含む現地訪問なども実施されます。

● FSA*（セキュリティ機能の実装評価）

制御システム機器のセキュリティ機能の評価をします。対象とする機器の機能や初期設定の確認、実機の動作テストなど行います。

● CRT*（通信の堅牢性テスト）

ISCIが認定した試験用の機器で正しくデータが送信・応答されるかをテストします。

---

* ISCI　　ISA Security Compliance Instituteの略。米国を本拠地とする、制御システムを保有する事業者、サプライヤ、および業界組織からなるコンソーシアム。
* JAB　　 Japan Accreditation Boardの略。
* SDSA　 Software Development Security Assessmentの略。
* FSA　　 Functional Security Assessmentの略。
* CRT　　 Communication Robustness Testingの略。

▶▶ CSMS認証との関係

　CSMS認証が企業の制御システムセキュリティに対する体制・活動に与えられる認証であるのに対し、EDSAは企業内の制御システムで導入される製品機器に与えられる認証です。それぞれセキュリティ上で必要とされる役割が異なり、補完関係にあるといえます。

　制御システム製品機器を導入する際は、自社で策定したサイバーセキュリティポリシーに基づき、EDSA認証を受けた製品機器を優先することも効果的です。

　ただし、EDSA認証されたセキュアな製品を導入したとしても、企業活動そのものに問題があれば全体としてのセキュリティ強度は高まりません。お互いの認証が手を取り合うことで、相乗効果が期待できるのです。

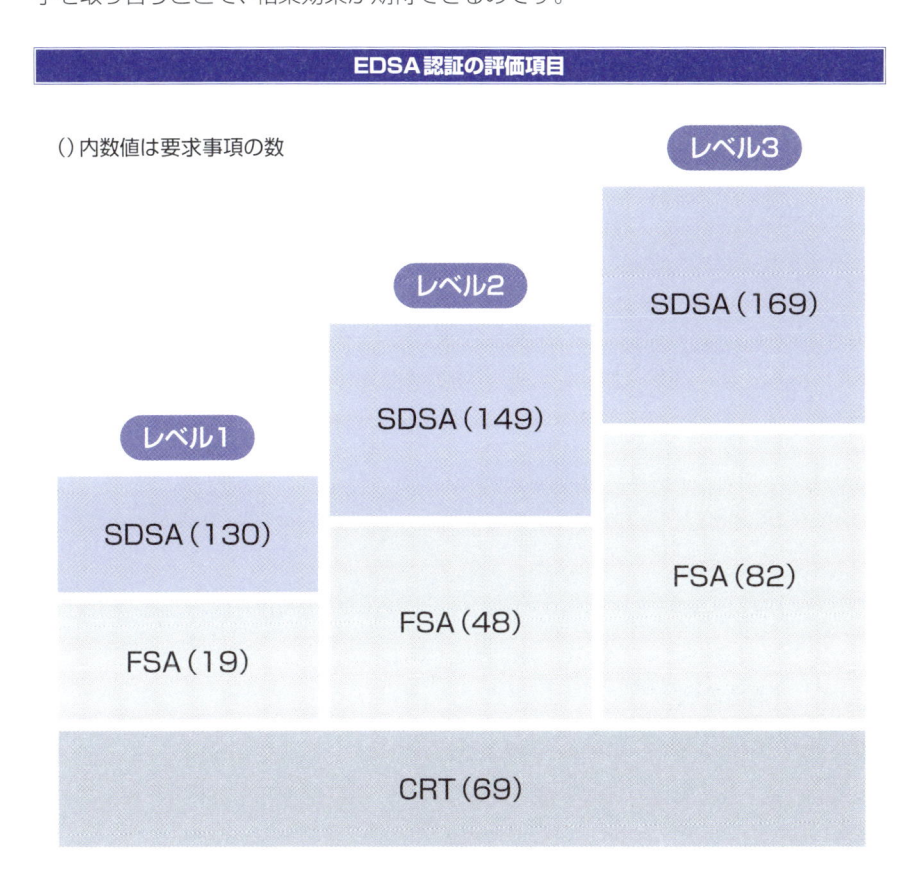

EDSA認証の評価項目

（）内数値は要求事項の数

- レベル1: SDSA(130)、FSA(19)
- レベル2: SDSA(149)、FSA(48)
- レベル3: SDSA(169)、FSA(82)
- CRT(69)

6-3 ISMS

　CSMSが「ISMSの制御システム版」と呼ばれるくらい、ISMSとCSMSは密接な関係にあります。ISMSが情報システム全般を包括し、その中で制御システムに焦点を当てたのがCSMSだといっても過言ではないでしょう。ISMSとCSMSは、それぞれ相反する仕組みではないので、ISMSとCSMSを組み合わせることで相乗効果が期待できます。

▶▶ ISMSの概要

　ISMS*（情報セキュリティマネジメントシステム）は、ISO/IEC27001による国際標準規格であり、企業内の情報システムを含む、企業活動全般で取り扱う情報資産を守るための仕組みです。

　日本では、CSMS認証と同様にJIPDEC（日本情報経済社会推進協会）による**ISMS適合性評価制度**が運営されています。2015年6月現在、4,620もの組織がISMS認証を取得しています。この数はグローバル的にも日本が最も多く、情報セキュリティマネジメントシステムの分野で日本が先駆けとなり、世界を牽引していることが分かります。

　企業が情報システムを導入する場合、外部のシステムインテグレータやエンジニアリング会社、ベンダーなどにシステム構築を発注することが一般的です。発注の際には、企業からシステムインテグレータなどに対してRFP*（提案依頼書）が提示され、その中でセキュリティ要件が求められることが多くなっています。つまり、システムインテグレータなどがISMS認証を持っているかどうかで受注競争に影響が出てくることも考えられるのです。

　すでに解説しましたが、マクロ的に見るとISMSの要求事項とCSMSの要求事項には共通するものが多く存在します。ISMSが情報セキュリティ全般を包括するのに対し、CSMS認証は制御システムおよび産業オートメーションに焦点に当て、ブレークダウンしたものだといえます。

＊ ISMS　Information Security Management Systemの略。
＊ RFP　Request For Proposalの略。

▶▶ CSMS認証との関係

　CSMS認証は、ISMS認証と共通する要求事項を多く含んでいます。すでにISMS認証を取得している企業であれば、CSMS認証固有の要求事項をアドオン（追加）することが効果的です。ISMS認証と一貫した運用でCSMS認証が取得でき、サイバーセキュリティ面を強化できます。

　なお、ISMS認証を取得していても、制御システムを保有する生産現場を適用範囲に含めていない企業も多いはずです。この場合、生産現場へのセキュリティマネジメントシステム拡大の機会として、まずCSMS認証取得を目指してはどうでしょうか。

　制御システムおよび産業用オートメーションをターゲットとしたCSMS認証の方が生産現場への導入がスムーズに行えると思います。ISMS構築・運用のノウハウや経験が活かせるとともに、将来的にはシームレスにISMSとの統合ができると思います。

ISMS適合性評価制度

ISMS適合性評価制度
一般財団法人日本情報経済社会推進協会
情報マネジメントシステム推進センター

ISMS適合性評価制度
情報セキュリティマネジメントシステム適合性評価制度

ISMSは、情報セキュリティの個別の問題毎の技術対策の他に、組織のマネジメントとして、自らのリスクアセスメントにより必要なセキュリティレベルを決め、プランを持ち、資源配分して、システムを運用するものです。

→ ISMS（情報セキュリティマネジメントシステム）とは
→ ISMS適合性評価制度の概要
→ ISMS適合性評価制度の運用体制
→ ISMS認証を取得するには

［出典］情報マネジメントシステム推進センター /ISMS 適合性評価制度
　　　（http://www.isms.jipdec.or.jp/isms.html）

6-4 サイバーセキュリティ基本法

制御システムのセキュリティに直接関係する法律として、サイバーセキュリティ基本法があげられます。国の行政機関や重要インフラ事業者では、この法律においてサイバーセキュリティの確保が求められています。

▶▶ サイバーセキュリティ基本法の概要

サイバーセキュリティ基本法は、2014年11月6日の衆議院本会議で賛成多数で可決・成立した基本法です。国による情報セキュリティ戦略の基盤となるものであり、サイバー攻撃対策に関する国の責務などが定められています。

基本法とは、原則的に憲法と個別法との間をつなぐ存在として、憲法の理念を具体化する役割を持っています。また基本法は、それぞれの行政分野において、当該分野の施策の方向づけを担う「指針」的な法律であり、関連するより具体的な法律の法制化や実際の行政の活動方針などを導く役割も持っています。

これまで国の情報セキュリティ政策は、**NISC**＊（内閣官房情報セキュリティセンター）と呼ばれる組織が中心的な役割を担っていました。しかし、NISCに組織としての法的根拠が乏しく、権限が限られていました。

サイバーセキュリティ基本法では、NISCを**サイバーセキュリティ戦略本部**と位置づけ、国家レベルでの体制を明確にしました。今後は内閣に対するセキュリティの戦略案を作成したり、行政各部の指揮監督に関する意見を述べたり、各省庁に対して調査や資料提出の義務を課すなど、より強い権限を持つ「司令塔」になるでしょう。

▶▶ 制御システムセキュリティへの影響

サイバーセキュリティ基本法の第14条には、「重要インフラ事業者等におけるサイバーセキュリティの確保の促進」という規定があります。**重要インフラ事業者**等にあたる企業は、サイバーセキュリティ対策に積極的に取り組む必要があるということです。

重要インフラ事業者には、情報通信のほか、金融や航空、鉄道、電力、ガス、政府行政サービス（地方公共団体を含む）、医療、水道、物流、化学、クレジット、石油の

＊**NISC** National Information Security Centerの略。

計13分野が特定されています。つまり、ここに制御システムが大きく関係するということです。

　重要インフラ事業者等にあたる企業では、今後、制御システムの構築や運用に関して、受託開発先の外部のシステムインテグレータやエンジニアリング会社、ベンダーに対し、これまで以上に高いレベルのセキュリティ要件を求めることが考えられます。そのため、システムインテグレータなどへのRFPには、知的財産保護や個人情報保護だけでなく、サイバーセキュリティに対する要件が含まれることになるでしょう。

　近い将来、CSMS認証やEDSA認証の取得が、より企業の競争優位性を高める時代が来ます。安定した事業活動による社会的信頼の獲得と、企業のコーポレートブランド向上のためには、セキュリティの認証取得は強力な武器となります。他社に先駆けいち早く認証取得に取り組めば、先発の優位が確保できるはずです。

概要

サイバーセキュリティ基本法案の概要　資料1-2（参考）

第Ⅰ章. 総則
- 目的（第1条）
- 定義（第2条）
  ⇒ 「サイバーセキュリティ」について定義
- 基本理念（第3条）
  ⇒ サイバーセキュリティに関する施策の推進にあたっての基本理念について次を規定
  ① 情報の自由な流通の確保を基本として、官民の連携により積極的に対応
  ② 国民1人1人の認識を深め、自発的な対応の促進、強靭な体制の構築
  ③ 高度情報通信ネットワークの整備及びITの活用による活力ある経済社会の構築
  ④ 国際的な秩序の形成等のために先導的な役割を担い、国際的協調の下に実施
  ⑤ IT基本法の基本理念に配慮して実施
  ⑥ 国民の権利を不当に侵害しないよう留意
- 関係者の責務等（第4条～第9条）
  ⇒ 国、地方公共団体、重要社会基盤事業者（重要インフラ事業者）、サイバー関連事業者、教育研究機関等の責務等について規定
- 法制上の措置等（第10条）
- 行政組織の整備等（第11条）

第Ⅱ章. サイバーセキュリティ戦略
- サイバーセキュリティ戦略（第12条）
  ⇒ 次の事項を規定
  ① サイバーセキュリティに関する施策の基本的な方針
  ② 国の行政機関等におけるサイバーセキュリティの確保
  ③ 重要インフラ事業者等におけるサイバーセキュリティの確保の促進
  ④ その他、必要な事項
  ※ その他、総理は、本戦略の案につき閣議決定を求めなければならないこと等を規定

第Ⅲ章. 基本的施策
- 国の行政機関等におけるサイバーセキュリティの確保（第13条）
- 重要インフラ事業者等におけるサイバーセキュリティの確保の促進（第14条）
- 民間事業者及び教育研究機関等の自発的な取組の促進（第15条）
- 多様な主体の連携等（第16条）
- 犯罪の取締り及び被害の拡大の防止（第17条）
- 我が国の安全に重大な影響を及ぼすおそれのある事象への対応（第18条）
- 産業の振興及び国際競争力の強化（第19条）
- 研究開発の推進等（第20条）
- 人材の確保等（第21条）

第Ⅲ章. 基本的施策（つづき）
- 教育及び学習の振興、普及啓発等（第22条）
- 国際協力の推進等（第23条）

第Ⅳ章. サイバーセキュリティ戦略本部
- 設置等（第24条～第35条）
  ⇒ 内閣に、サイバーセキュリティ戦略本部を置くこと等について規定

附則
- 施行期日（第1条）
  ⇒ 公布の日から施行（ただし、第Ⅱ章及び第Ⅳ章は公布日から起算して1年を超えない範囲で政令で定める日）する旨を規定
- 本法に関する事務の処理を適切に内閣官房に行わせるために必要な法制の整備等（第2条）
  ⇒ 情報セキュリティセンター（NISC）の法制化、任期付任用、国の行政機関の情報システムに対する不正な活動の監視・分析、国内外の関係機関との連絡調整に必要な法制上・財政上の措置等の検討等を規定
- 検討（第3条）
  ⇒ 緊急事態に相当するサイバーセキュリティ事象等から重要インフラ等を防御する能力の一層の強化を図るための施策の検討及び推進
- IT基本法の一部改正（第4条）
  ⇒ IT戦略本部の事務からサイバーセキュリティに関する重要施策の実施推進を除く旨規定

［出典］内閣サイバーセキュリティセンター／サイバーセキュリティ基本法の概要
　　　　（http://www.nisc.go.jp/conference/seisaku/dai40/pdf/40shiryou0102.pdf）

おわりに

本書で皆様へお伝えしたかった要点は、次の2つです。

- 制御システムのセキュリティが思わぬ盲点となり、社会経済に大きな影響を与えるリスクになること。
- 制御システムのセキュリティ対策では、組織活動の基盤としてCSMSの構築・運用が効果的であること。

近年、企業をとりまくセキュリティ環境は大きく変化しています。これからも増々変わり続けるでしょう。従来はセキュリティに無関係だと考えていたものが、オープン化されネットワークにつながり、思わぬリスクとして潜在する時代が来ています。また、セキュリティには技術的な要因だけでなく、人に関わる要因が大きく影響します。これらの課題を解決するには、企業の経営マネジメントをブレークダウンしたセキュリティマネジメントによる取り組みが有効です。

企業の経営戦略をひと言でいうと、顧客のニーズや競合他社の動向などの環境変化に対応し、競争優位（強み）を築くことだといえます。つまり、経営は「変化への対応力」が勝負を決めるということです。これをセキュリティ面で考えると「セキュリティ環境の変化に対応できる組織力」です。この対応力を高めるには、セキュリティマネジメントが重要になります。組織としてセキュリティ対策に取り組む仕組みを構築し、継続した改善活動を行う体制の整備が必要なのです。

これらのことから、工場・プラントや社会インフラなどのサイバーリスク低減のために、CSMSによる取り組みが広く普及することを、強く願っています。

最後に、本書の出版にあたり、企画から編集までご支援いただいた秀和システムの編集部の皆様に、厚く御礼申し上げます。

索引

INDEX

英字／数字

ASIC	62
BCMS	70
BCP	69
CC-Link IE	60
CIM	12
CRT	212
CSMS	69, 176
CSMS委員会	200
CSMS事務局	200
CSMS適合性評価制度	176
CSMS認証	176, 188
CSMS認証基準	179
CSMS認証基準のガイド	148
CSMS認証制度	176
CSR	196
CSSC	96, 210
DCS	44
DoS攻撃	53
EDSA認証	211, 212
EMS	184
ETG	62
EtherCAT	62
Ethernet	50
EtherNet/IP	60
FA	26, 28
FL-net	60
FSA	212
FTP	58
Havex	106
HMI	16, 48
I ISE	/8
IEC	176, 210
IEC62443	179
IEC62443-2-1:2010	176
IEC62443シリーズ	210
Industrial Internet	18
Industry 4.0	18
IoT	18, 50
IP-VPN	14
ISCI	212
ISMS	176, 184, 214
ISO	210
ISO9001	184
ISO14001	184
ISO/IEC27001	176
JAB	212
JIPDEC	191, 214
JIT	22
JPCERTコーディネーションセンター	82
MECHATROLINK-Ⅲ	63
MMI	48
Modbus/TCP	62
NISC	216
ODVA	60
OPC	105
OPC Foundation	105
OPC UA	106
PA	26, 28
PDCAサイクル	188
PLC	30, 40
PLC計装	44
PLCネットワーク	42
PLCopen	53
QMS	184
RUN中書き込み	40
SCADA	46
SCM	12
SDSA	212
ShallとShould	182
SHODAN検索エンジン	102
SMB	58
SSA/SDLA認証	210
Stuxnet	96, 98

TRON · 54	基本方針の策定 · · · · · · · · · · · · · · · · · · 120
USBメモリ · 88	機密性 · 76,115
VxWorks · 54	機密性の評価レベル · · · · · · · · · · · · · · · 128
Windowsプラットフォーム · · · · · · · · · 56	ギャップ分析 · 136
Windows CE · · · · · · · · · · · · · · · · · · · 54	脅威のレベル · 124
Windows Embedded · · · · · · · · · · · · 54	共通攻撃 · 98
Windows XP/2000 · · · · · · · · · · · · · 94	組み合わせアプローチ · · · · · · · · · · · · · 140
Zotob · 100	グローバル認証基盤整備事業 · · · · · · · 176
	経営管理 · 154

あ行

アクセス制御管理 · · · · · · · · · · · · · · · · · 122	経営トップ · 156
安全 · 78,115	経営方針 · 114
安全神話 · 10,88	経営リスク · 150
安全の評価レベル · · · · · · · · · · · · · · · · · 128	継続的な改善活動 · · · · · · · · · · · · · · · · · 190
一般要求事項 · 184	健康 · 78,115
インシデント · · · · · · · · · · · · · · · · · · 73,168	健康の評価レベル · · · · · · · · · · · · · · · · · 128
インシデント管理 · · · · · · · · · · · · · · · · · · 170	工場 · 22
インシデント対応 · · · · · · · · · · · · · · · · · 168	交通インフラ · 35
インシデント報告 · · · · · · · · · · · · · · · · · · 82	交通管制 · 35
インシデント報告書 · · · · · · · · · · · · · · · 172	コーポレートブランド · · · · · · · · · · · · · 196
インバータ機器 · 96	コネクションレス型 · · · · · · · · · · · · · · · 104
インフラの海外展開 · · · · · · · · · · · · · · · 178	個別攻撃 · 98
運用部門 · 160	コンプライアンス · · · · · · · · · · · · · · · · · 860
オーバーヘッド · · · · · · · · · · · · · · · · · · · 104	
オープン化 · 10,46	

さ行

オープンネットワーク · · · · · · · · · · · · · · 60	サーベイランス審査 · · · · · · · · · · · · · · · 194
オンザフライ · 62	サーボモータ · 50

か行

外部審査 · 204	再認証審査(更新審査) · · · · · · · · 194,204
可用性 · 73,76,115	サイバー攻撃 · 10,94
可用性の評価レベル · · · · · · · · · · · · · · · 128	サイバーセキュリティ委員会 · · · · · · · 156
ガラパゴス化 · 8	サイバーセキュリティ基本法 · · · · · · · 216
環境 · 78,115	サイバーセキュリティ事務局 · · · · · · · 156
環境の評価レベル · · · · · · · · · · · · · · · · · 128	サイバーセキュリティポリシー · · 113,202
完全性 · 76,115	サイバーセキュリティ
完全性の評価レベル · · · · · · · · · · · · · · · 128	マネジメントシステム · · · · · · · 69,154
管理責任者 · 158	サイバー兵器 · 96
技術管理部門 · 160	産業用オートメーション · · · · · · · 14,16,26
基本法 · 216	残留リスク · 150
基本方針 · 110	シーケンス制御 · 30
	事業継続計画 · 69
	事業継続マネジメントシステム · · · · · · 70
	資産価値 · 140

資産価値のレベル･･････････ 124
資産の持ち出し･･････････････ 130
システム管理者････････････ 158
システム資産台帳･･･････ 124,126,128
システムの保守････････････ 129
実施手順･････････････････ 110,122
社員教育･･････････････････ 152
社会インフラ･･････････････ 20
重要インフラ事業者･････････ 216
証拠の確保････････････････ 170
詳細管理策･･･････････････ 148
詳細リスク分析･･･････････ 138
冗長化･･････････････････････ 73
情報システム･･････････････ 64
情報セキュリティの三要素･････ 76
情報セキュリティ
　マネジメントシステム･･････ 214
情報のCIA･････････････････ 76
人為的要因･･･････････････ 152
信号制御･････････････････ 20
スキャダ･･････････････････ 46
スケジュール発停･･････････ 34
スタンダード･････････････ 110,122
制御システム････････････ 8,28,64
制御システムセキュリティ
　検討タスクフォース･････ 96
制御システムセキュリティセンター ･･･ 96
制御情報ネットワーク･･････ 58
制御ネットワーク･････････ 60
制御ループ･････････････････ 44
生産監視システム･････････ 46
生産工程管理･････････････ 37
生産時点情報管理･････････ 14
生産情報･････････････････ 16
脆弱性のレベル･････････････ 124
セキュリティ管理･･･････ 84,132
セキュリティ管理者･･･････ 90
セキュリティ教育･･･ 162,164,166
セキュリティ事象･････････ 168
セキュリティ弱点･････････ 168
セキュリティパッチ･････ 12,80,82,94

セキュリティパッチ管理････････ 80
セキュリティポリシー･･･････ 108,110
セキュリティマネジメントシステム
　････････････････････････ 108,154
設備管理部門･････････････ 160
ゼロデイ････････････････････ 97
操作端末････････････････････ 14
ソーシャルエンジニアリング･････ 152
ソフトウェアロジック･･･････ 40
ソフトウェアPLC･･･････････ 56

た行

第1段階審査/第2段階審査 ･･････204
第4次産業革命･････････････ 18
第一者/第二者/第三者監査 ･･･ 191
対策基準････････････････････ 110
対策基準の策定･････････････ 122
第三者認証制度･････････ 179,190
タイムシェアリング方式･･･････ 54
ダウンサイジング････････････ 10
タスク間通信･････････････ 186
タッチパネル表示器･････････ 16
多品種少量生産･･･････････ 66
つながる工場･････････････ 18
適用宣言書･･･････････････ 184
適用範囲････････････････････ 118
デバイスメモリ･････････････ 42
盗聴････････････････････････ 14
動力シリンダー････････････ 50

な行

内閣官房情報セキュリティセンター ･･216
内部監査････････････････････ 202
内部監査員･････････････････ 158
内部統制･･････････････････ 86
日本情報経済社会推進協会････ 191,214
日本適合性認定協会････････ 212
日本電機工業会･････････････ 60
入退室管理･････････････････ 129
認証機関････････････････････ 191
認証取得者･････････････････ 190

認証取得のスケジュール 198
認証登録証 191,204
認定機関 191

は行

ハードウェアロジック 40
バックアップ 130
バックドア 98,152
バッチシステム 35
バッチ制御 35
バッチプロセス制御 35
ハニーポット 73
判定委員会 204
ヒストリアン 58
ヒューマンマシンインターフェイス ... 48
標的型攻撃 152
ファクトリーオートメーション 26,28
フィードバック制御/フォワード制御 .. 32
フィールド機器 50
フィールドネットワーク 50,62
不正アクセス 14
プラント 22
プログラマブル表示器 48
プログラマブルロジックコントローラ
  30,40
プロシージャ 110,122
プロセスオートメーション 26,28
プロセス制御 32
分散制御システム 44
ベースライン分析 136
ペネトレーションテスト 117
ポリシー 110,120

ま行

マネジメントシステムの構築・運用 .. 69
マネジメントレビュー 202
マルウェア 10,96
見えざる資産 190
無形価値 196
無形資産 178
無線LAN 14

モーション制御 63
目標値 44
模倣困難性 190

や行

ユーティリティ管理 34
要求事項 182

ら行

ライフサイクル 64,90
ラウンドロビン方式 54
ラダー言語 52
ラダープログラム 42
リアルタイムオペレーションシステム ・54
リアルタイム処理 54
リアルタイム性 71
リスク値 134,140,144
リスク移転 142,144
リスク回避 142,144
リスク管理策 146
リスク対応 142
リスク低減 142,144
リスクの受容基準 144
リスクの特定 138
リスクの評価 140
リスクの分析 140
リスク分析 132,134
リスク保有 142
リスクマネジメント 69
リモート接続 14,186
リモート保守 92
連続制御 35
ログ収集 174

わ行

ワーム型マルウェア 100

著者紹介

福田 敏博
（ふくだ としひろ）

ジェイティ エンジニアリング株式会社
システムインテグレーション部 シニアコンサルタント

1965年、山口県宇部市生まれ。
JT（日本たばこ産業株式会社）に入社し、たばこ工場における制御システムの設計・導入・運用・保守など一連の業務に携わる。その後、ジェイティ エンジニアリング株式会社へ出向し、システムエンジニア、プロジェクトマネージャとして、数多くの「制御システム」「生産管理システム」の構築を手がける。「taspo（タスポ）」の名称で知られる成人識別たばこ自動販売機のICカードのプロジェクトにおいては、初期構想から全国導入までの約10年間に渡り、自動販売機・データセンター間のネットワーク技術や、情報セキュリティに関するブレーンとして活動する。
現在は、制御システムセキュリティを中心としたコンサルティング活動を展開。これまでの経験をフル活用した、専門性の高いコンサルティングサービスを提供している。
技術士（経営工学部門）、公認システム監査人（CSA）、公認内部監査人（CIA）、米国PMI認定PMP、ITコーディネータ、高度情報処理技術者（ST・AU・PM・NW・SC）など、計30種の資格を所有。ネットワーク技術、セキュリティ技術に関する数多くの特許を出願・取得。ITCイースト東京の理事としても精力的に活動中。

● ジェイティ エンジニアリング株式会社
〒130-8603 東京都墨田区横川1丁目17番7号
http://www.jte.co.jp

図解入門ビジネス
工場・プラントのサイバー攻撃への
対策と課題がよ～くわかる本

| 発行日 | 2015年 9月 1日　　第1版第1刷 |

著　者　福田　敏博

発行者　斉藤　和邦
発行所　株式会社 秀和システム
　　　　〒104-0045
　　　　東京都中央区築地2丁目1－17　陽光築地ビル4階
　　　　Tel 03-6264-3105（販売）Fax 03-6264-3094
印刷所　三松堂印刷株式会社　　　　Printed in Japan

ISBN978-4-7980-4446-0 C3034

定価はカバーに表示してあります。
乱丁本・落丁本はお取りかえいたします。
本書に関するご質問については、ご質問の内容と住所、氏名、電話番号を明記のうえ、当社編集部宛FAXまたは書面にてお送りください。お電話によるご質問は受け付けておりませんのであらかじめご了承ください。